中國昆石譜

石泉中　主编

上海人民出版社

主　　编：石泉中

副　主　编：黄建荣、邹景清、张崇伦、王　宇、
　　　　　　居永良、钱云元、陈志高

执行主编：陈　益

统　　筹：程振旅

撰　　稿：沙　莎、张洪军、陈　益

摄　　影：徐耀民、张洪军

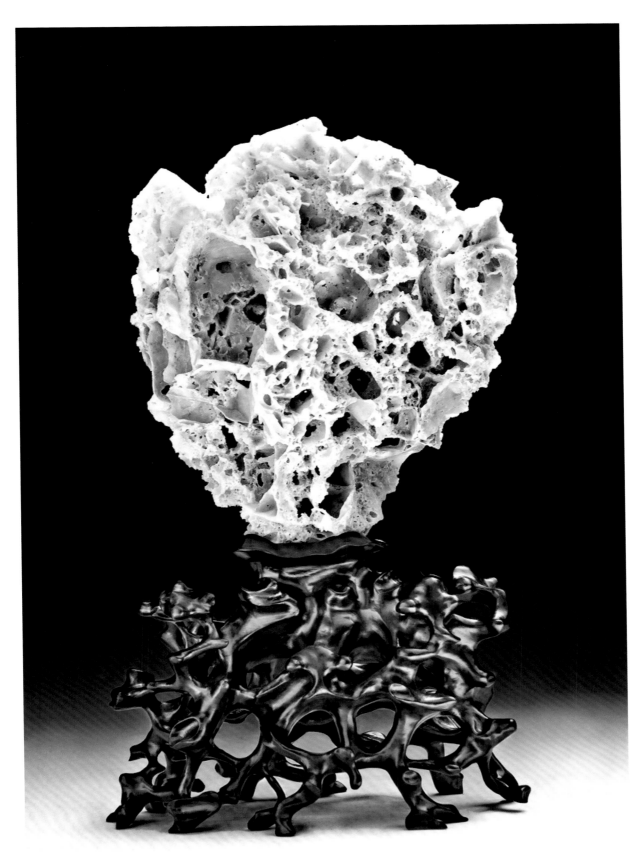

题名：玉缕神骨
石种：鸡骨峰
规格：32×26.5×14cm

题名：莹海仙蜇
石种：海蜇峰
规格：16×23×12cm

题名：祥云团栾

石种：海蜇峰

规格：48×32×16cm

题名：昆仑横空
石种：雪花峰
规格：40×40×20cm

题名：桃源仙骨
石种：鸡骨峰
规格：39×22×15cm

题名：冰心秀骨
石种：鸡骨峰
规格：33×23cm

题名：昆仑风骨
石种：鸡骨峰
规格：76×76×46cm

题名：羽琜烟霞
石种：胡桃峰
规格：37×26×10cm

题名：天机云锦
石种：海蜇峰
规格：57×40×20cm

题名：瑞天祥云
石种：鸡骨峰
规格：38×40×30cm

题名：峰峦玉洁

石种：海蜇峰

规格：55×45×23cm

题名：雪鸟鸣巢
石种：海蜇峰
规格：45×26cm

题名：祥云聚瑞
石种：胡桃峰
规格：28×25cm

题名：风雪一品香
石种：雪花峰
规格：26×23×18cm

题名：风姿凌云
石种：鸡骨峰
规格：26×15×5cm

题名：粉雪云岫
石种：雪花峰
规格：30×22×13cm

目　录

序

石泉中

　　昆石，与太湖石、灵璧石、英石一起，被称为"中国四大名石"。自宋代以来，形成独特的赏石文化，是昆山优秀传统文化的重要组成部分。昆石的清理技术被列入非物质文化遗产名录。昆石与琼花、并蒂莲成为"玉峰三宝"，是昆山人民的骄傲。

　　南北朝时期，奇石鉴赏从园林假山造景中分离出来，昆石就开始走进人们的视线。唐代中后期，赏石活动逐渐兴起，昆石被广泛开采利用。到了宋代，更成为文人雅士案头清供的佳品。元明清时期，昆山的经济文化得到了长足的发展，逐渐成为江南重镇，昆石的地位也随之不断提高。到了明代，赏石、玩石已成为一种时尚，特别是在昆石上栽种菖蒲，做成水石盆景，尤其受到欢迎。今天，随着经济建设和社会事业的发展，昆石的价值再次得到重视，玩石、赏石、藏石掀起热潮，吸引更多热爱昆山文化、喜欢奇石的人士加入收藏鉴赏队伍，盛况空前。

　　为了弘扬优秀传统文化，传承非物质文化遗产，昆山市国土资源学会、昆山亭林园、昆山博物馆和昆山市观赏石协会决定联合编写《中国昆石谱》一书，交由上海人民出版社出版。文化部门组织力量，昆石收藏者通力协作，先后花费两年多时间，完成昆石遴选、文字编写和图片摄影工作。龚瑞龙、陈平、葛新喜、高捷等同志为本书的出版，做了大量的工作。《中国昆石谱》比较全面地收录了与昆石有关的历史资料，从不同方面介绍昆石文化，同时配有图片100多幅，全彩印制。可以说，这是一部昆石文化史上具有里程碑意义的著作。

　　被誉为"百里平畴，一峰独秀"的玉峰山，仅高80余米，所以昆石的产量极其有限。据史料记载，早在宋代就有人从外地往昆山写信，乞取昆石。当时的山民和石工争相挖掘，一块昆石可售价百金。诗人陆游曾发出"一拳突兀千金值"的赞叹。官府担心挖伤了山脉，明令禁止。

　　今天，我们在热爱昆石、欣赏昆石、研究昆石的同时，更应该保护昆石。昆石是一种不可再生的资源，如果放任开挖，玉峰山必然会满目疮痍，在园艺界享有盛誉的昆石将毁于一旦。我们生活在这片土地上的每一个人，都有责任花大力气保护昆石资源，使玉峰山永远保持自然生态，昆石也将因此显得更珍贵。

绪论

一

相传伏羲氏时，有龙马从黄河出现，背负"河图"；有神龟从洛水出现，背负"洛书"。伏羲根据这种图与书，画成八卦，于是有了《周易》。《周易》乃儒家十三经中的宝典，是中国传统文化的基础，全部学术思想的基础。

然而，在历代赏石家们的眼中，"河图"和"洛书"不是别的，却是一种带圆点的石头，由此可见赏石的渊源。

唐代，身居相位之尊的牛僧孺，是一位酷爱收藏太湖石的人。他在洛阳的府第归仁里中，不收藏带有圆点的河洛石，却收藏了很多来自遥远江南的太湖石。牛僧孺嗜石，居然嗜到了"游息之时，与石为伍"，甚至"待之如宾友，司视之如贤哲，重之如宝玉，爱之如儿孙"的境地。他建墅营第，将太湖石列而置之，白居易还为他写了《太湖石记》，称赞他因嗜石而把生命赋予了石峰。到了宋代，书画家米芾进而呼石为兄，惊而下拜，又把人格给予石峰，甚至与石结为至交。清代，曹雪芹则在《石头记》中，借用他笔下的人物说："石乃灵性之物，上天有缺，用以补之，苍生将更臻完美。"炼石补青天，这是一种多么奇特、浪漫又豁达的情怀。

亘古以来，石头就与人类有着不可分割的联系。试想，如果没有石器时代，怎么会有青铜时代、铁器时代乃至今天的计算机时代？正是石头，给我们筚路蓝缕的先祖开启了智慧之门。他们在石器的选择与制造中，学会了美玉和顽石的识别，懂得了实用和审美的分野。

大自然以亿万年的心血涵育了奇石，赐予其独特的外形和精魂，唯有以"玩石近乎禅"的挚爱，才能将它读懂。花若解语多节枝，石不能言最可人。奇石无言，却自有不凡的人生哲理。古往今来，收藏奇石怪石的文化人，更是觉得石中有万古苍寰，也有千秋云月。

题名：天马玉象
石种：鸡骨峰
规格：44×36×14cm

题名：玉女神韵
石种：鸡骨峰
规格：26×18×10cm

江南收藏奇石的风气，与园林的兴盛是分不开的。江南园林，几乎没有无石之园。叠积奇石，与花木亭榭相映成景，是构筑园林的基本方法。北宋，奇石成为园林艺术的重要组成部分。充满了艺术家气息的宋徽宗爱石成癖。他役使民力在东京（今开封）建造万寿山，顶峰高达90余步，遍山皆置太湖石，其中最大的一块太湖石高五丈，宋徽宗非常宠爱之，加封"盘固侯"，并赐予金带。当时为了营建万寿山，宫廷还特地从江南采办太湖石和花木。运送花石的船，每十艘为一纲，这便是历史上有名的"花石纲"。

李渔在《闲情偶寄》中说："言山石之美者，俱在透、漏、瘦三字。此通于彼，彼通于此，若有道路可行，所谓透也；石上有眼，四面玲珑，所谓偏也；壁立当空，孤峙无倚，所谓瘦也。"他又说："垒石成山，另是一种学问，别是一番智巧。……故从来叠山名手，俱非能诗善绘之人。见其随举一石，颠倒置之，无不苍古成文，纡回入画，此正造物之巧于示奇也。"他的这些理论，几乎成了观赏奇石的标准。

赏石，确实是一门从无字处读书的学问。天然一奇石，或浑朴古雅，或玲珑秀巧，或金英缤纷，或如黛似翠，令人久久谛视，继而在品读中悟通大自然的进退沉浮和造化史的炎凉顺逆。

昆石，与太湖石、灵璧石、英石一起，被称为"中国四大名石"，自宋代以来，形成了独特的赏石文化，是昆山优秀传统文化的组成部分。

二

昆山位于江苏省东南部，上海与苏州之间。北至东北与常熟、太仓两市相连，东与上海嘉定、青浦两区交界，西与苏州工业园区及吴中区接壤，南部与浙江相通。历史积淀深厚，文化源远流长。

早在7000年前的马家浜文化时期，先民就在这里繁衍生息。距今5000年左右的良渚文化时期，这里的人们创造出了灿烂的史前文明。在历年考古发掘中，赵陵山遗址、绰墩山遗址、少卿山遗址等出土了大量墓葬、黑皮陶器、石器、玉器等珍贵文物，以及祭坛、人工护城河、水稻田遗迹。所有这些表明，当时的生产、生活状况已经达到一定的文明程度。以赵陵山遗址为代表的文化层，被誉为"东方文明之光"。

大约到了春秋时代，昆山得名娄邑——太湖（震泽）三条泄水通道之一娄江流经的土地。相传吴王寿梦爱好狩猎，曾在城西卜山下跑马圈地，麇鹿狩猎，因此昆山又

题名：孤根立雪
石种：雪花峰
规格：30×16×10cm

题名：雪山悠悠
石种：雪花峰
规格：18×11×6cm

有"鹿城"的别称。到了秦始皇统一中国时，实行郡县制，娄邑便改为娄县，是会稽郡的二十六县之一，辖区包括今天上海市大部分地区和昆山、太仓两市。

娄县这个名称一直沿用了700多年，直到梁大同二年（公元536年），才正式更名为昆山。真正的"昆山"指的是昆仑山，昆仑山盛产美玉，尤其是和田玉，历来有"玉出昆冈"之说。人们常用"昆山"来指代出产玉石的山。昆山，人杰地灵，既涌现出晋代陆机、陆云这样的才俊，也从玉峰山出产美丽的玉石，因此便遥借昆仑山的名字，将这里命名为昆山。

玉峰山高80.8米，东西长600米，南北宽仅百余米，风景秀丽，引人入胜，古有"七十二景"之说。奇峰、怪石、幽洞多达数十处，分布于山体各处，峰峰有貌，洞洞有形，石石有容，形态各异。同时又有慧聚寺、刘过墓、文笔峰等众多人文遗迹，可谓"江南园林甲天下，二分春色在玉峰"。

远古时期，玉峰山是近海里的一座礁石，其地下岩石是白云岩，主要成分是碳酸钙和碳酸镁，为寒武纪海相环境的产物。到了新石器时代，长江的泥沙不断冲积，海岸线逐渐向东退去，这座礁石便暴露在陆地，成为山丘。

大约五亿年前，在地壳运动中，由于挤压，地下深处岩浆中富含二氧化硅的热溶液侵入白云岩的缝隙，冷却后形成了石英矿脉，这些矿脉呈"鸡窝状"分布，被红泥包裹，与周边包含化角砾的石英脉体有着明显的界限。将其清理干净后，呈现的骨架是白色的网络石英。这些网络石英被人们偶然发现，它晶莹洁白、玲珑剔透，仿佛上好的玉石，足以在案头供奉。由于它风貌独特，出产稀少，又与江南文化中的艺术欣赏理念相契合，越来越受人喜爱，因而出产这种石头的山岭被称为"玉峰山"，这种美石也被命名为"昆石"，一直流传至今。

昆石的主要成分是二氧化硅，其色洁白，含硅量达99.46%，硬度为摩氏6—7度。根据石英晶簇、脉片的结构不同，昆石被分为鸡骨峰、胡桃峰、雪花峰、海蜇峰、杨梅峰、荔枝峰等十多个品种。上好的昆石玲珑剔透、雪白晶莹、峰峦嵌空、千姿百态，又称玲珑石，与太湖石、雨花石并称为"江苏三大名石"，与灵璧石、太湖石、英石并称为"中国四大名石"。

三

昆石的艺术价值很高。从形态来看，它精巧细致、变化无穷，仿佛一座座微缩的

题名：玉骨仙风
石种：鸡骨峰
规格：35×22×12cm

题名：梨花飘雪
石种：海蜇峰
规格：29×19×15cm

009

山峰，意趣天成；从结构来看，它孔窍遍体、空洞林立，尽显空灵剔透、皱褶波动之态；从质地来看，它仿若美玉、润泽可爱，在逆光下更有琉璃般的通透感；从色泽来看，它莹白如雪、素洁高雅，犹如琼花玉兰，品位不俗；从韵味来看，它鬼斧神工、凝炼天地，将大自然的万般神奇蕴含在方寸间。人们通过欣赏昆石，不仅仅看到了一方石头的美，更看到了峰峦叠嶂、飞泉流瀑、风起云涌，从中进一步升华出对无瑕品格、高洁精神、淡泊人生的追求，达到物我合一的超脱境界。

昆石之美，令人见之难忘，因此人们很早就开始了对昆石的开采、欣赏以及交易。

南北朝时期，奇石鉴赏从园林假山造景中分离出来，有专家认为，此时昆石就已经走进了人们的视线，开始被作为独立的欣赏门类。到了唐代中后期，赏石活动逐渐兴起，昆石开始被广泛开采利用。到了宋代，昆石成为文人雅士案头清供的佳品。著名诗人陆游曾写下一首昆石诗，说它"一拳突兀千金值"，这意味着当时昆石已经较为稀少，价值极高。诗人曾幾也写诗称："几书烦置邮，一片未入手"，感叹昆石的难以获得。元明清时期，昆山的经济文化得到了长足的发展，人烟稠密，逐渐发展成江南重镇，昆石的地位也随着城市的发展而不断提高。到了明代，赏石、玩石已成为一种时尚，特别是在昆石上栽种菖蒲，做成水石盆景，最受欢迎。现昆山亭林园内有两座一人高的昆石，为明代旧物，一为"春云出岫"，一为"秋水横波"，窈窕玲珑，窍孔遍布，具瘦漏透皱之态，是仅存的巨峰佳品。到了清代，赏玩昆石的热潮达到了一个高峰，昆石由水石盆景逐渐发展为案头供石，并成为文人、官员之间流行的贵重礼品，一块上品昆石价值达百金。民国时期至新中国成立前，虽然时局动荡、战火连绵，品赏昆石的人士还是没有减少。当时的社会名流、文人雅士家中常常藏有昆石，视作传家珍宝。

到了现代，随着经济建设和社会事业的发展，人们的物质财富积累到一定程度，开始寻找兼具美感和文化底蕴的投资品，昆石的价值再次得到重视，玩石、赏石、藏石掀起一个新高潮，吸引了更多热爱昆山文化、喜欢奇石的人士加入收藏鉴赏队伍，盛况空前。藏石、迷石、痴石者，酷爱有着玉一般质地和五彩纹理的美石，固守着自己营造的一方天地。尽管他们艺而非艺，不像画家、摄影家、雕塑家那样时常出入艺术殿堂，亮相于新闻传媒，也不需要一哄而起的追星族，但是他们始终在用艺术的目光发现和创造。大自然的鬼斧神工，让珍稀奇石具有不可重复、不可仿造的品位，闪烁耀眼的艺术光芒，也让藏石者在采集和发现中获得足够的审美享受。

题名：碧海珊树
石种：海蜇峰
规格：58×25×25cm

题名：峰峦韫玉

石种：海蜇峰

规格：37×45×25cm

赏石与绘画一样，确实是很有些讲究的。昆石除了洁白如玉，一般还要具有"透、皱、瘦、漏"四大特点。所谓透，即要求石峰要玲珑剔透；皱，即要求石块有波折，有层次，有变化；瘦，讲究石峰的挺拔清秀；漏即漏空，使石峰更富有情趣，令人玩味。

由于昆石的价值巨大，市场广阔，玉峰山的昆石资源又极其有限，近年来，在市场经济潮流的推动下，市面上出现了一些异地出产的昆石，产地分别为浙江、福建、安徽等地。这些石头的结构与昆石十分相似，由于产量较大，价格相对便宜，涌入昆山后，被藏家称为"类昆石"。

如何区别昆山原产地出产的昆石与异地出产的昆石？需仔细分析它们的化学成分、结构、形态、色泽等方面。

昆石的主要成分为二氧化硅即石英，由于地壳运动，形成了各种奇形怪状的网络石英骨架，由于昆石是石英晶簇结构，故内在结构变化极其复杂，除了人们常见的片、板之外，还有粒、球的形态。而在这相同的形态中，还有体积的大小、厚薄、空实以及色的灰白之别。此外，品种有单一或组合之分。

昆石古时俗称"玲珑石"，它外形精巧细致，而内部却空洞林立且洞洞贯通，其窍孔遍布处，尽显通灵剔透、皱褶波动之态。昆石的海蜇峰相对浙江海蜇峰而言则比较密实，石面虽有洞，但洞少而浅。此外，昆石的表面布满了短小的芒刺，锋如利刃。石面也偶尔可见细细的裂缝，但裂隙窄且短。昆石的颗粒细小，其硬度可达摩氏6—7度，足可以和钻石媲美。但其韧性较差，特别容易折断和损伤。昆山的玉峰山整座山都产昆石，没有其他的石种。

而浙江石中的海蜇峰结构特别空灵，其洞不仅多而且相连，洞内结构变化也大，形成了洞中有洞、上下贯通的玲珑透体，其空灵度远远胜过昆石的海蜇峰。而浙江石鸡骨峰，片厚，透光性差，与昆石鸡骨峰相比要逊色得多。浙江石石面出现裂缝的较多，裂缝沿一条石脉贯穿整个石体，有的裂缝宽处约有2毫米，极易造成断裂。而断裂多是从此缝开裂，断后的石面，相对平整。出现裂缝的石头比例较多，占石头数量的百分之七十左右。

多数浙江石组成颗粒粗大，其韧性也很差，比较而言，更容易折断和损伤。昆石的断裂面有闪闪发光的晶体，而浙江石则没有，这说明两者的成分还是有所不同。浙江石产在山上，面积极少，为条带状；山头比较低矮，山上有大量的黑灰色石头。

福建石中的漂白、青白石种，硬度与昆石相当。截面也可以看见较大的颗粒，无

题名：西崖巨昆

石种：海蜇峰

规格：82×38×28cm

题名：璞玉不凡
石种：胡桃峰
规格：31×28×14cm

光泽，没有玉质感；表面偶见小颗粒晶体。漂白色石种极其空灵，可与昆石媲美，但空灵的洞内空洞无物，没有变化，不似昆石洞内结构复杂、变化多端。石膏白石种，结构疏松，硬度极低，一掐即碎，与同大小的漂白、青白石种相比体量较轻。石面上的穴窟，密集度高，呈蜂巢状，通透的极其少见；石面没有裂缝，所含二氧化硅低于昆石。福建石与萤石伴生，量不大。之前被开挖者作为废弃物。

对于这些异地出产的昆石，应该给予正确对待。既给它们一个明确的身份，产地名加在昆石之前，又能杜绝假冒昆石。在昆石资源日益稀缺的时代，不失为一种繁荣昆石文化的有效手段。

题名：玉兔思凡
石种：海蜇峰
规格：28×38×15cm

古代石谱中有关昆石的记载

　　玩石赏石，古已有之。古人在收集、欣赏奇石的同时，也注重对石种的记录和研究，各种石谱应运而生。著名的有宋代杜绾的《云林石谱》、明代林有麟的《素园石谱》等。石谱诞生的初衷是收尽天下奇石，产自玉峰山的昆石也被众多石谱收录，对其产地、成因、清理方法、尺幅、欣赏方式等作了介绍，为今天对昆石历史的研究提供了最直接的文字、图画资料。

题名：仙山景观
石种：鸡骨峰
规格：35×25×12cm

1.《云林石谱》（宋·杜绾）

昆山石：平江府昆山县石产土中。多为赤土积渍①。既出土，倍费挑剔洗涤②。其质磊魂，巉岩透空，无耸拔峰峦势。扣之无声。土人唯爱其色洁白，或栽植小木，或种溪荪③于奇巧处，或置立器中，互相贵重以求售④。近时，杭州皋亭山⑤后，大山出石，与昆山石无异。

※ 作者介绍

杜绾，字季阳，号云林居士，南宋山阴（绍兴）人。据传系唐代诗人杜甫的后裔，北宋丞相祁国公杜衍之孙。杜绾平生爱石，乃时风所熏。宋代重文轻武，上至皇帝，下至臣民，迷石者众，同时赏石趋于细腻、含蓄、超脱。在此背景下的《云林石谱》，提炼总结，含蕴挥发，体现了宋代文人赏石观之精髓。清代编纂《四库全书》时"惟录绾书"，其余石谱"悉削而不载"，足见其权威。故剖析该书的赏石观，既益于承前，更泽于启后。

《云林石谱》大约成书于公元1118—1133年，是我国古代赏石记载最完整、内容最丰富的一部石谱，全书14000余字，涉及名石共116种。杜绾详细考察了这些名石的产地，还细数其采取方法、形状、颜色、质地优劣、敲击时发出的声音、坚硬程度、纹理、光泽、晶形、透明度、吸湿性、用途等方面的特点。同时按其性质进行了分类，分为石灰岩、石钟乳、砂岩、石英岩、玛瑙、水晶、叶蜡石、云母、滑石、页岩及部分金属矿物、玉类化石等。书中记载的石头产地范围广达当时的82个州、府、军、县和地区。

※ 注释

① 赤土积渍：石头被红色泥土包裹着。

② 倍费挑剔洗涤：需要反复挑剔洗涤，十分费力。

③ 溪荪：生长在溪边的一种小型香草，又名"荃"。

④ 互相贵重以求售：相互吹捧石头珍贵，以求卖个好价钱。

⑤ 皋亭山：今杭州市东北，临平镇西南。高百余丈，南宋时为防守要隘，1276年为元军所占，南宋朝廷遂降。

2.《素园石谱》（明·林有麟）

昆山石：苏州府昆山县马鞍山①于深山中掘之乃得，玲珑可爱，凿成山坡，种石菖蒲花树及小松柏。询其乡人，山在县后一二里许，山上石是火石②，山洞中石玲珑，

题名：鸟
石种：海蜇峰
规格：50×50×20cm

题名：曾公乞石
石种：雪花峰
规格：28×20×12cm

栽菖蒲等物最茂盛，盖火暖故也。

※ 作者介绍

林有麟（公元 1578—1647 年），字仁甫，号衷斋，松江府华亭县（今上海市松江区）人。授南京通政司，历任南京都察院都事、太仆寺丞、刑部郎中等职，官至四川龙安府知府，颇得民望。他工山水画，喜好奇石，在所居住的素园中开辟玄池馆收集奇石，数量达上百种。他将这些奇石绘制成图，缀以前人题咏，于 40 岁时编成《素园石谱》。

《素园石谱》共收集各种名石 102 种（类），计 249 幅大小石画，被公认为迄今传世最早、篇幅最宏的一本画石谱录。是书最大的特点是图文并茂，其中对于明代供石底座的描摹、雨花石纹理的描绘、宋徽宗花石纲遗石的描写等内容，是不可多得的重要史料。

※ 注释

① 马鞍山：即玉峰山，因形似马鞍而得名。

② 火石：即天然燧石，是一种硅质岩石，致密、坚硬，多为灰、黑色，敲碎后具有贝壳状断口。

3.《格致镜原·石部》(清·陈元龙)

昆山石：出昆山县马鞍山。此石于深山中掘之乃得，玲珑可爱。凿成山坡，种石菖蒲花树小松柏树。山在县后一二里许。山上石是火石，山洞中玲珑石好栽菖蒲等物，最佳，茂盛，盖火暖故也。昆山石类刻玉①，不过二三尺而止。案头物②也。

※ 作者介绍

陈元龙（公元 1652—1736 年），字广陵、干斋、高斋，号干斋、广野居士，谥文简，浙江省杭州府海宁县（今浙江省海宁县盐官镇）人，清朝政治人物、榜眼及第。

《格致镜原》，书为 100 卷，分乾象、坤舆等 30 类，类下分目，共 886 目。举其内容，则天文、地理、身体、冠服、宫室、饮食、布帛、舟车、朝制、礼器、珍宝文具；欣赏器物与实用器物，无不具备；殿以草木、花草、鸟兽、鱼虫等，所谓博物之学，故名格致。又格致寓致知，即研究事物之意。镜原为探求本原，犹事物纪原之意。"采撷极博"，体例井然，为研究我国古代科学技术和文化史的重要参考书。

※ 注释

① 刻玉：雕刻过的玉石。

② 案头物：置于案头欣赏的艺术品。

题名：鹤立
石种：鸡骨峰
规格：30×22×15cm

题名：玉泓影
石种：海蜇峰
规格：20×12×10cm

题名：冬雪
石种：海蜇峰
规格：169×110×110cm

历代典籍论昆石

  除了专门收录奇石的石谱，古代一些记录园林、古玩、水石、器具等宅居构成理论的著作也将昆石纳入记载，如明代文震亨的《长物志》、明代曹昭的《格古要论·异》，说明昆石不仅是一个赏石品种，也是园林造景、家居布置的重要组成元素，与人们的生活联系紧密。另外，昆山县志中也有大量关于昆石的记载，为研究昆石文化提供了文字资料。

题名：碎金炉香
石种：胡桃峰
规格：35×30×18cm

1.《长物志》(明·文震亨)

　　昆山石：出昆山马鞍山下，生于山中，掘之乃得。以色白者为贵，有鸡骨片①、胡桃块②二种，然亦俗。尚非雅物也。间有高七八尺者。置之古大石盆中亦可。此山皆火石，火气暖。故栽菖蒲等物于上最茂，惟不可置几案及盆盎中。

※ 作者介绍

　　文震亨（公元 1585—1645 年），字启美，江苏苏州人，明末画家。生于明万历十三年，是明代书画家文徵明的曾孙，明天启六年选为贡生。曾参与五人事件。顺治二年（公元 1645 年），清军攻占苏州后，避居阳澄湖。清军推行剃发令，绝食而亡。文震亨家富藏书，长于诗文会画，善园林设计。

　　《长物志》共十二志，其中室庐、花木、水石、禽鱼、蔬果等五志，是中国古代园林艺术的基本构建，其选材、构造与布局是造园活动与灵性生活的浑然天成，也是中国古代士大夫沉醉其间的原因所在。而书画、几榻、器具、衣饰、舟车、位置、香茗等七志，则叙述了古代居宅所用器物的制式及极尽考究的摆放品位。

※ 注释

　　① 鸡骨片：即鸡骨峰。

　　② 胡桃块：即胡桃峰。

2.《论异石》(明·张应文)

　　昆山石块愈大，则世愈珍。有鸡骨片、胡桃块二种。惟鸡骨片者佳。嘉靖间见一块，高丈许，方七八尺。下半状胡桃块，上半乃鸡骨片。色白如玉，玲珑可爱。云间一大姓出八十千置之。平生甲观也。

※ 作者介绍

　　张应文（约公元 1524—1585 年），明代书画家、藏书家。上海嘉定人。字茂实，号彝斋，一作彝甫，又号被褐先生。监生，屡试不第，乃一意以古器书画自娱。博综古今，与王世贞为莫逆之交。善属文，工书法，富藏书。长于兰竹，旁及星象、阴阳。著有《清秘藏》2 卷，其中有论其藏书和宋刻版本鉴定之法。另有《巢居小稿》《罗钟斋兰谱》《天台游记》《国香集》《雁荡游记》等。

3.《格古要论·异》(明·曹昭)

　　昆山石：出苏州府昆山县马鞍山。此石于深山中掘之乃得，玲珑可爱。凿成山

题名：攀云奇峰
石种：海蜇峰
规格：45×33×25cm

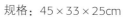

题名：通灵
石种：海蜇峰
规格：28×12×10cm

坡。种石菖蒲花树及小松柏树。佐近询其乡人。山在县后一二里许。山上石是火石，山洞中石玲珑，好栽菖蒲等物，最佳，茂盛，盖火暖故也。

※ 作者介绍

曹昭（元末明初人），字明仲，松江人。幼年随父鉴赏古物，并悉心钻研，鉴定精辟，撰有《格古要论》3 卷，对古铜器、书画、碑刻、法帖、古砚、古琴、陶瓷、漆器、织锦和各种杂件，论述其源流本末，剖析真赝优劣、古今异同，共 13 类。后经王佐增补为 13 卷，名为《新增格古要论》。

4.《博物要览·志石》（清·谷应泰）

昆山石：产苏州府昆山县。产土中，为赤泥渍溺，倍费洗涤。其石质色莹白，块岩透空宛转，无大块峰峦者。土人或爱其石色洁白，或种溪荪于奇巧处，或置之器中，互相贵重以求售。

※ 作者介绍

谷应泰（公元 1620—1690 年），字赓虞，直隶丰润人。约清世祖顺治末前后在世。聪敏强记，工制举文。及长，肆力经史，书无不窥。清顺治四年（公元 1647 年）进士。改户部主事，寻迁员外郎。授浙江提学佥事，校士勤明，所拔如陆陇其等，多一时名俊。暇时，游览杭州湖山之胜，创书舍为游息地。既去，浙人为之修葺，怀之不已。嗜博览，工文章。所著主要有《筑益堂集》《明史纪事本末》《博物要览》。

5.《平江记事》（元·高德基）

昆山，高一百五十丈，周回八里，在今松江华亭县治西北二十三里，昆山州以此山得名。后割山为华亭县，移州治于州北马鞍山之阳，高七十丈，孤峰特秀，极目湖海，百里无所蔽……山多奇石，秀莹若玉雪，好事者取之以为珍玩，遂名为昆山石。山阳有慧聚寺，依岩傍壑，皆浮屠精舍，云窗舞阁，层见叠出，人以为真山似假山云。

※ 作者介绍

高德基（公元 1119—1172 年），元代平江路（今苏州）人，所著《平江记事》，被《苏州府志》称为"文笔遒劲，深合史法"。

题名：羽翎清泉
石种：海蜇峰
规格：38×28×10cm

030

题名：艳光
石种：鸟屎峰
规格：20×10×8cm

6.《吴语》（清·戴延年）

　　昆石佳者，一拳之多价累兼金，有葡萄纹、麻雀斑、鸡爪纹之别。

※ 作者介绍

　　戴延年（?），清乾隆年间苏州府长洲县人，擅长度曲（演唱昆曲）和古文、诗词、书法。一生游历漂泊，晚年定居吴江。《吴语》一卷记录了当年的风土人情、闻人轶事。

7. 康熙时期《昆山县志》稿对昆石的记载

　　（1）县以山名，而县中之山实马鞍山，非昆山也。然山产奇石，凿之复生，镂而濯之，莹洁如玉，邑称玉峰，正不必借胜云间矣。自唐以来，题咏甚众。

　　（2）山产奇石，玲珑秀巧，质如玉雪，置之几案间，好事者以为珍玩，号"昆山石"。按：巧石多生山腹，傍山之人称山精者，每深入险径以取之。按凌《志》云："近年来得石如玉，是马鞍山可以出玉，当有机、云其人者出焉。"可见元以前石未之显也。明季开垦殆尽，邑中科第绝少。今三十年来，上台禁民采石，人文复盛。闻近复有盗凿者，后之君子所当严为立防者也。

　　注：凌《志》为昆山县第一部县志。宋淳祐十年（公元1250年），项公泽修《玉峰志》3卷。主纂凌万顷，边实协纂。

　　（3）玉泉亭：在山巅。顾潜《记》：吾邑名昆山，取诸华亭九峰之一。陆士衡云"婉娈昆山阴"者是也。自唐割置，山在华亭邑境，而吾邑仍旧名，乃以城中马鞍山者当之。又以山产异石，坚确莹洁，因取"昆仑出玉"之说，别名"玉峰"，斯固傅会云耳。顾自海上至苏城，夷旷二百里许，惟马鞍山拔起数千寻。岩壑奇秀，林薄阴蔼，含精藏云，灵润嘉谷，陟巅南望，九峰皆在几下，谓非邑之镇欤？

　　山故有井，深窈叵测、泉冽而甘，俗传下通海脉，理或然也。邑人赠南昌同知张府君德行，饮而嘉之，尝云："山既玉名矣，泉、山出也，独非玉乎。"遂呼为"玉泉"，而且以自号焉。

　　（4）玲珑石亭：在山北，知县杨逢春刻文于内，禁采石者。

　　（5）风俗：相传形家言，谓城中玉带河不可塞，学宫红墙不可使民家蔽之，西仓小桥不可用石块，而山中所产巧石，尤不可过为开凿，以近事征之颇验。然邑之科名虽盛，而盖藏之家，百无一二。又以为山首瘦削，故秀而多贫。邑中士流，多商贾，少门第；多仓庾，少仕者，词林多，科道少。即四方之贾于昆者，亦书笔多，钱

题名：秀外慧中
石种：蚂蚁峰
规格：35×26×15cm

题名：冰心玉骨

石种：鸡骨峰

规格：33×23×12cm

币少。

（6）莫子纯《重修县学记》：壮哉，昆山之为县也，撑结峻绝，白石如玉，沃野坟腴，粳稻油油，控江带湖，与海通彼，山川孕灵，人物魁殊，则所谓玉人生此山，山亦传此名，著于荆国文正公之咏，岂徒殊荣于往号，抑亦延光于将来也。

（7）"春云出岫""秋水横波"两石在顾亭林先生乡贤祠内。

注：昆石"春云出岫""秋水横波"原为亭林先生祠原物。亭林祠建于清中叶，在玉山书院（今培本小学）旧址，抗战前迁至亭林园东斋，现为昆石馆。

（8）玲珑石：本山产，黄沙洞为上，鸡骨片次之，葡萄花又次之，为世珍玩。久禁凿采，今虽重价购求，不可得矣。

古代昆石"秋水横波"现存于昆山亭林公园　　　　古代昆石"春云出岫"现存于昆山亭林公园

题名：桃源洞天
石种：杨梅峰
规格：33×52×12cm

历代诗人咏昆石

昆石因形态玲珑、气质高雅、珍贵难得，受到人们的追捧，历代诗人为之写下了诸多诗篇，或描述其仙姿风骨，或赞美其高洁气质，或昭示其高昂身价，或表达爱慕渴望的心情，其中不乏陆游、曾幾等名家的作品。而昆山本地的顾瑛、归庄等文人，在歌颂昆石的同时，也展示了本地风土人情、历史文化，是解读昆石与昆山文化的绝佳资料。

题名：灵芝献寿
石种：鸡骨峰
规格：40×30cm

1.《昆丘》（宋·杨备）

云里山花翠欲浮，当时片玉转难求。

卞和死后无人识，石腹包藏不采收。

※ 作者介绍

杨备（？），字修之，建平（今安徽郎溪）人，北宋诗人，生卒年不详，诗句大多描写南京、苏州及太湖的景物。

2.《玲珑石》（宋·石公驹）

昆山产怪石，无贫富贵贱悉取置水中，以植芭蕉，然未有识其妙者，余获片石于妇氏，长广才尺许，而峰峦秀整，岩岫崆峻，沃以寒泉，疑若浮云之绝涧，而断岭之横江也。乃取蕉萌六植其上，拥护扶持，今数载矣。根本既固，其末浸蕃。余玩意于此，亦岂徒役耳目之欲而已哉。

巍巍六君子，虚心厌蒸烦。

相期谢尘土，容于水石间。

粹质怯风霜，不能尝险艰。

置之或失所，保护良独难。

责人戒求备，德丰则才悭。

我独与之友，目击心自闲。

风流追鲍谢，秀爽不可攀。

如此君子者，足以激贪顽。

小人类荆棘，屈强污且奸。

一旦遇翦薙，不殊草与兰。

视此六君子，岂容无腆颜。

※ 作者介绍

石公驹（？），宋代诗人。喜爱昆石，曾在妇氏手中得到一块昆石，并栽以六棵芭蕉芽，精心呵护。

3.《乞昆山石》（宋·曾几）

余颇嗜怪石，他处往往有之，独未得昆山者，拙诗奉乞，且发自强明府一笑。

昆山定飞来，美玉山所有。

题名：佳石蕴玉
石种：海蜇峰
规格：24×18cm

题名：晴空一鹤
石种：鸡骨峰
规格：48×26×15cm

山祇用功深，剜划岁时久。

峥嵘出峰峦，空洞闲户牖。

几书烦置邮，一片未入手。

即今制锦人，在昔伐木友。

尝蒙投绣段，尚阙报琼玖。

奈何不厚颜，尤物更乞取。

但怀相知心，岂惮一开口。

指挥为幽寻，包裹付下走。

散帙列岫窗，摩挲慰衰朽。

曾几（公元1085—1166年）中国南宋诗人。字吉甫，自号茶山居士。历任江西、浙西提刑、秘书少监、礼部侍郎。学识渊博，勤于政事。后人将其列入江西诗派。其诗多属抒情遣兴、唱酬题赠之作，娴雅清淡。五、七言律诗讲究对仗自然，气韵疏畅。所著《易释象》及文集已佚。《四库全书》有《茶山集》8卷，辑自《永乐大典》。

4.《昆石诗》（宋·陆游）

雁山菖蒲昆山石，陈叟持来慰幽寂。

寸根蹙密九节瘦，一拳突兀千金值。

清泉碧缶相发挥，高僧野人动颜色。

盆山苍然日在眼，此物一来俱扫迹。

根蟠叶茂看愈好，向来恨不相从早。

所嗟我亦饱风霜，养气无功日衰槁。

陆游（公元1125—1210年），字务观，号放翁。越州山阴（今浙江绍兴）人，南宋著名诗人。其一生笔耕不辍，今存诗9000多首，内容极为丰富。与王安石、苏轼、黄庭坚并称"宋代四大诗人"，又与杨万里、范成大、尤袤合称"中兴四大诗人"。著有《剑南诗稿》《渭南文集》《南唐书》《老学庵笔记》等。

5.《水竹赞并序》（宋·范成大）

昆山石奇巧雕镂，县人采置水中，种花草其上，谓之水窠，而未闻有能种竹者，

题名：玉麒麟
石种：鸡骨峰
规格：39×33×21cm

042

题名：硕果累累
石种：胡桃峰
规格：36×23×18cm

家弟至存遗余水竹一盆，娟净清绝，众窠皆废。竹固不俗，然犹须土壤栽培而后成。此独泉石与俱，高洁不群，是又出乎其类者。赞曰：

竹居清癯，百昌之英。

伟兹孤根，又过于清。

尚友奇石，弗丽乎土。

濯秀寒泉，亦傲雨露。

辟谷吸风，故射之人。

微步凌波，洛川之神。

蝉脱泥涂，同于绝俗。

直于高节，此君之独。

棐几明窗，不受一尘。

微列仙儒，其孰能宾之？

※ 作者介绍

范成大（公元 1126—1193 年），字致能，号称石湖居士。汉族，平江吴县（今江苏苏州）人。南宋诗人，谥文穆。从江西派入手，后学习中晚唐诗，继承白居易、王建、张籍等诗人新乐府的现实主义精神，终于自成一家。风格平易浅显、清新妩媚。诗题材广泛，以反映农村社会生活内容的作品成就最高。与杨万里、陆游、尤袤合称南宋"中兴四大诗人"。

6. 《得昆石》（元·张雨）

昆丘尺璧惊人眼，眼底都无嵩华苍。

隐若途环蜕仙骨，重于沉水辟寒香。

孤根立雪依琴荐，小朵生云润笔床。

与作先生怪石供，袖中东海若为藏。

7. 《云根石》（元·张雨）

隐隐珠光出蚌胎，白云长护夜明台。

直将瑞气穿龙洞，不比游尘汗马鬣。

岩下松株同不朽，月中鹤驾会频来。

君看狠石英雄坐，寂寞于今卧草莱。

题名：云根
石种：海蜇峰
规格：39×30×20cm

045

题名：海马
石种：鸡骨峰
规格：20×15cm

※ 作者介绍

　　张雨（公元 1283—1350 年），元代诗文家，号句曲外史，道名嗣真，道号贞居子。曾从虞集受学，博学多闻，善谈名理。诗文、书法、绘画，清新流丽，有晋、唐遗意。年二十弃家为道士，居茅山，尝从开元宫王真人入京，欲官之，不就。现存词 50 余首，多是唱和赠答之作。

8.《得昆山石》（元·郑天祐）

　　昆冈曾韫玉，此石尚含辉。

　　龙伯珠玑服，仙灵薜荔衣。

　　一泓天影动，九节润苗肥。

　　阅世忘吾老，苍寒意未迟。

※ 作者介绍

　　郑天祐（？），元代文人、书法家，被称为"吴中硕儒"，为顾阿瑛"玉山佳处"常客。

9.《次琦龙门游马鞍山》（元·顾瑛）

　　马鞍之山幽且佳，回岩叠嶓多僧家。

　　鸡唱推窗看晓日，海色烂烂开红霞。

　　人言兹山出美玉，一草一木皆英华。

　　石头嶙岩踞猛虎，藤蔓荦确缠长蛇。

　　我昔春游春日斜，山僧携酒邀相遮。

　　仙乐云中降窈窕，天风松下吹袈裟。

　　简师石室憩潇洒，一篱五色蔷薇花。

　　夜吹铁笛广公院，联诗石鼎烹新茶。

　　君今好奇良可夸，蹑云着屐追磨鳫。

　　诗成大字写绝壁，山灵卫护行人嗟。

　　归来自驾白牛车，徐州九点元非遐。

　　下方盗贼聚如蚁，视之不啻恒河沙。

※ 作者介绍

　　顾瑛（公元 1310—1369 年），元代文学家。一名阿瑛，又名德辉，字仲瑛。昆山

题名：云升祥瑞
石种：胡桃峰
规格：48×26×20cm

题名：蜇花玉影
石种：海蜇峰
规格：34×20×14cm

049

（今属江苏）人。家业豪富，筑有玉山草堂，园池亭馆 36 处，声伎之盛，当时远近闻名。轻财好客，广集名士诗人，玉山草堂遂成诗人游宴聚会场所。他不愿做官，常与杨维桢等诗酒唱和，风流豪爽。元朝末年，天下纷乱，他尽散家财，削发为在家僧，自称金粟道人。

10.《玉峰》（明·吴宽）

  昆冈玉石未俱焚，古树危藤带白云。

  小洞烟霞藏术客，下方萧鼓赛山君。

  千家居屋黄茅盖，百里行人白路分。

  更上双峰最高处，沧溟东去渺斜曛。

※ 作者介绍

  吴宽（公元 1435—1504 年），明代诗人、散文家、书法家。字原博，号匏庵，玉亭主，世称匏庵先生。直隶长州（今江苏苏州）人。成化八年进士第一，状元，会试、廷试皆第一，授修撰。侍讲孝宗东宫。孝宗即位，迁左庶子，预修《宪宗实录》，进少詹事兼侍读学士。官至礼部尚书。其诗深厚醲郁自成一家，著有《匏庵集》。善书，作书姿润中时出奇崛，虽规模于苏，而多所自得。

11.《昆石》（明·张凤翼）

  怪石嶙峋虎豹蹲，虬柯苍翠荫空林。

  亦知匠石不相顾，阅历岁华多藓痕。

※ 作者介绍

  张凤翼（公元 1527—1613 年），字伯起，号灵虚，别署灵墟先生、冷然居士。南直隶苏州府长洲（今江苏苏州）人。与弟燕翼、献翼并有才名，时人号为"三张"。为人狂诞，擅作曲。凤翼所著戏曲，有传奇《红拂记》等 6 种，合题《阳春集》。诗文有《处实堂集》8 卷，及《梦占类考》《海内名家工画能事》等。另有《敲月轩词稿》，久已散佚。曾为《水浒传》作序。

12.《失题》（明·王稚登）

  粉蝶藏青嶂，相携胜侣行。

  雷焚寺里塔，潮打石边城。

题名：冰雪红芸
石种：鸡骨峰
规格：25×21×15cm

题名：玉树琼花
石种：胡桃峰
规格：25×21×15cm

地想金曾布，山将玉得名。

故乡无百里，已有白云生。

※ 作者介绍

王稚登（公元 1535—1612 年），字百谷、百穀、伯穀，号半偈长者、青羊君、广长庵主等。先世江阴人，后移居吴门（今苏州）。曾拜名重当时的吴郡四才子之一的文徵明为师，入"吴门派"。文思敏捷、著作丰硕，令文坛瞩目。一生撰著诗文21种，共45卷。主要有《王百谷集》《晋陵集》《金闾集》等。同时又是万历年间著名剧作家，著有传奇《彩袍记》《全德记》，在金陵剧坛颇有影响。

13.《马鞍山》（明·吴祺）

卓哉奇绝峰，佳气时融融。

孕兹一方秀，屹为诸山雄。

下极人楚丽，中藏石玲珑。

流盼旷原壤，信知造化工。

※ 作者介绍

吴祺（？），明代文人，感叹于马鞍山的秀美奇绝与昆石的玲珑可爱，写诗称赞造化的神奇。

14.《昆山石歌》（清·归庄）

昔之昆山出良璧，今之昆山产奇石。

出璧之山流沙中，产奇石者在江东。

江东之山良秀绝，历代人才多英杰。

灵气旁流到物产，石状离奇色明洁。

神工鬼斧研千年，鸡骨桃花皆天然。

侧成堕山立成峰，大盈数尺小如拳。

奇石由来为世重，米颠下拜东坡供。

今日东南膏髓竭，犹幸此石不入贡。

贵玉贱石非通论，三献三刖千古恨。

石有高名无所求，终老山中亦无怨。

世道方看玉碎时，此石休教更衒奇。

题名：虚怀若谷
石种：鸡骨海蜇峰
规格：54×56×26cm

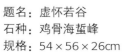

题名：玉蕊屏
石种：荔枝峰
规格：20×30×9cm

嗟尔昆山之石今已同顽石，

不劳朱劻来踪迹。

15.《马鞍山三十韵》(清·归庄）

马鞍特陡拔，西北倚昆城。

势压委江边，疆连茂苑平。

崇岗仍坦迤，绝巘自峥嵘。

梵宇林端出，浮图云外擎。

危崖森古木，旷域丽雕甍。

湖荡千舟网，原田万藕耕。

凭高从野客，搜穴待山精。

磊砢生奇石，玲珑类斫成。

室中縻几供，花下古盆盛。

往代多人物，先朝益挺生。

文庄勋绝大，恭请望尤清。

理学庄渠著，文章太仆名。

皇舆当败绩，臣节竞垂声。

不是凭灵秀，安能产俊英。

胜区传自古，美景废于兵。

邱壑原无改，楼台半已倾。

名山多奇迹，卷石且娱情。

自少携尊数，虽衰振屐轻。

林花然骤雨，谷鸟唤新晴。

乘此探幽好，兼之眺远明。

桃源窥洞窄，凤石叩声铿。

文笔峰千尺，玉泉井一泓。

阳城春水阔，秦柱暮云横。

村落何皇后，园亭顾阿瑛。

高篇东野唱，古调半山赓。

城市虽难隐，岩峦孰与争。

题名：桃源仙居
石种：杨梅峰
规格：20×11×8cm

057

题名：山桃藏崖
石种：胡桃峰
规格：66×36×20cm

残阳扶杖送，皓月倚楼迎。

林下宜棋局，花间称酒觥。

山形同立马，人意似悬旌。

自笑空飘泊，穷年何所营。

※ 作者介绍

归庄（公元1613—1673年），明末清初书画家、文学家。一名祚明，字尔礼，又字玄恭，号恒轩，又自号归藏、归来乎、悬弓、园公、鏖鏊钜山人、逸群公子等，昆山（今属江苏）人。明代散文家归有光曾孙，书画篆刻家归昌世季子，明末诸生，与顾炎武相友善，有"归奇顾怪"之称，顺治二年在昆山起兵抗清，事败亡命，善草书、画竹，文章胎息深厚，诗多奇气。有《玄弓》《恒轩》，传世者名《归玄恭文钞》《归玄恭遗著》。

16.《登马鞍山》（清·陈竺生）

朗然玉山行，玉山迥绝俗。

中润含粹温，外朴谢文缛。

秋风扫晴翠，凌空造起伏。

取径陡层巅，路仄步移促。

深丛绿几团，因树便为屋。

我来十日游，朝夕踏山麓。

俨作裴叔则，已是非分福。

薜荔者谁子，见示玲珑玉。

买得一卷归，温润若新沐。

自诧两袖底，居然腾海岳。

※ 作者介绍

陈竺生（？），字松瀛。清代昆山陈墓镇人。道光五年（公元1825年）举人。好学强记，诗词皆成卷，骈体文尤工。书学赵孟頫，得其神似。有《陈松瀛遗集》文3卷、诗词5卷。

题名：山神
石种：胡桃峰
规格：39×22×14cm

题名：瑞雪
石种：雪花峰
规格：30×20×15cm

061

题名：晴峰朵云
石种：海蜇峰
规格：45×35×20cm

昆石的品类

自古以来根据峰体、形态、色泽，按照人们的欣赏习惯，昆石可分为鸡骨峰、海蜇峰、雪花峰、胡桃峰、杨梅峰、荔枝峰等多个品种。这些品种中，又可分出若干细类。

题名：玉峰云岫
石种：鸡骨峰
规格：35×26×15cm

1. 鸡骨峰

鸡骨峰石质洁白细腻，是由众多薄如鸡骨的半透明片组成，它色泽如玉，片片如板，纵横交叉，排列自然，给人以坚韧刚劲之感觉。鸡骨片又有产自东山、西山之别和薄厚之分。

（1）薄鸡骨峰

薄鸡骨峰的骨片为半透明状，纵横交错、排列无序，大都呈现出洁白色泽。在逆光或灯光下欣赏，则更能展示出其冰清玉洁、玲珑剔透之美。比较而言，尤以玉峰山东部所产的薄鸡骨片最为珍贵，但有的石片内部含有如芝麻状的黑点，为天然形成，无法清洗掉。薄鸡骨的片薄约有 0.1 厘米，有的甚至更薄，犹如蝉翼。

（2）厚鸡骨峰

厚鸡骨峰，色白或白中泛青灰。其片一般都比薄鸡骨片厚，可以达 2 厘米以上，甚至更厚。鸡骨片两面均不光洁，稍有凹凸感。近年，发现一种白中泛黄的鸡骨峰，片上密布无规则的、形如鸡爪的凹陷纹，不仅清晰，而且韵味十足。这才真正是昆石的纹理所在，而以往所谓的"昆石纹理"，仅是石体上的细小变化而已。

厚鸡骨峰多产自西山，除了体量较大外，其石形也巍峨，颇有风骨感，均呈现刚劲有力之态。但是，无论是从质地还是玉感上，均不如东山所产。

鸡骨峰　纹样

海蜇峰　纹样

2. 海蜇峰

海蜇峰石质坚硬，白中略带青色。石表面凹凸起伏，层层叠叠，如同海蜇游动，十分形象。精品海蜇峰，其石英晶簇纯度较高，具有玲珑剔透之形，蜇片叠加或相连，形成峰峦嵌空、神采流动的态势，气韵十分高雅。

玉峰山的中部和西部也出产海蜇峰，比较而言，无论是从密度和质感，都比东部所产稍差一些。

洁白如玉且体量大的海蜇峰极其稀有。

3. 雪花峰

雪花峰石质洁白、晶莹如雪，石上如同雪花般的碎片层层叠叠地聚落在一起，其结构精致纤细而灵巧，呈现蓬松状，似有一掐即碎之感。

雪花峰的雪花也有大、小之分。

（1）大雪花

大雪花除具有雪花峰的共同特征外，还具有组成颗粒较大、松散而稀疏、芒刺少、组织层较厚等特点。

（2）小雪花

小雪花除具有雪花峰的共同特征外，还具有雪花小巧、片薄、玲珑剔透和长有芒刺的特点。

雪花峰　纹样

胡桃峰　纹样

4. 胡桃峰

　　胡桃（核桃）峰，整体不通透，其石质与海蜇峰相同，因其石体上的结块宛如胡桃而得名。石表面球体突兀聚集，晶莹圆润，犹如众多的玉质胡桃附着在石体上，加上多变的纹理，又造就了硕果累累的奇异景观。胡桃心空，桃上布满了晶状颗粒，无芒刺。胡桃峰有东、西山之分，东山所产胡桃峰一般体量较小，石质洁净温润、玲珑窍空，颜色偏暗泛青色；西山胡桃峰，体量较大，石质比较疏松，颜色白而干涩，无玉质感，其壳里大多填有杂质粒子。

5. 杨梅峰

　　杨梅峰，是指石面上长有诸多圆形的小球体，上面有突点，点上遍布晶莹的芒刺，宛如成熟的杨梅，故名杨梅峰。圆球上面若长有水晶体且呈尖状，则为水晶杨梅。该品种稀有。

　　杨梅峰与胡桃峰的形体和质地极其相似。不过，胡桃峰的"桃"是空心，略显通透，而杨梅峰的"梅"是实心，显得厚实。如若将其剖开就会发现，它的内部不是一种颜色，而是由一圈白一圈灰的石英组成。累累杨梅晶莹无比，与葡萄玛瑙石极其类似，素有"昆石葡萄玛瑙"之称。

　　杨梅峰一般生长在石板上，可以形成洞穴，但是少有整体通透的。

杨梅峰　纹样

荔枝峰　纹样

6. 荔枝峰

荔枝峰中的荔枝，色白、通透而内空，有大小之别，大者如鸽卵，小者如樱桃。其表面长满微微凸出的晶体（没有胡桃上的晶体凸显），皆呈圆顶状，上无芒刺。石上荔枝大多以累积或平铺的形式出现，而石体大都厚实，偶有通透现象。

7. 鸟屎峰

鸟屎峰与杨梅峰有些类似，只是个头要小得多，大者如绿豆，小者像谷粒，或平面铺开，或累集形成"谷穗头"样的形体，其颗粒表面较光洁，上面大多没有水晶。其颗粒为实心，多附着在厚实的石面上，也有由多个"谷穗头"组成的山形鸟屎峰，但极为少见。

8. 未分类

除了以上分类，还有不少昆石，在色泽、纹理等方面与传统意义上的昆石品类有所区别，值得我们仔细研究、慎重对待，如：

蚁穴峰，是指石上布满了不规则的穴窟，如同蚂蚁穴一般，有的椭圆，有的细长，大小如蚕豆或米粒，甚至更小。它们密密麻麻、相邻而立，煞是壮观。石大多色白或白中泛青灰，质地或致密或疏松。

层叠峰，多以"空格"的形式相互叠加而成，形状如格如框。其"层"或宽或

鸟屎峰　纹样

蚁穴峰　纹样

窄，凹处多有不规则的水晶晶簇出现，而向外突出的截面洁白如冰，犹如冰川横挂。由于层叠的宽窄不同，也会形成大小不一的长方形洞穴。

黑昆石，多与白昆石共生一体，或白包黑，或相互包裹，但黑石总是居多。白者，洁白晶莹，其有海蜇、白筋及玉化石等诸物；黑者，有黑、灰之分。黑色，如煤；灰色，如铅。黑石上多有白筋贯穿，断裂处可见晶体闪烁。石体多厚实，窟穴多，少透洞，罕见玲珑。

红昆石，其中的"红"，并不是严格意义上的红色，而是在白色的昆石中出现局部的暗红颜色，深浅不一，浸染自然。而有的石上则呈现出土褐色，面广而浓薄各异，虽然它与"红"相距甚远，也被归在红昆石之列。

荷叶皴，指昆石的外层布满皱褶，筋脉走向颇似荷叶，石体有乳白、深黄、紫红等多种色泽，硬而脆，有微微的透明感。关于荷叶皴，赏石界有所争议，有人认为这是一个昆石新品种，值得重视，有人则觉得这只是一种石头表面的石纹石筋，不能作为分类的依据。不管怎样，这都说明了昆石的变化多端、趣味无穷，令每个爱石的人着迷。

题名：古意盎然
石种：黑昆石
规格：30×30×14cm

069

题名：巫山残雪
石种：黑昆石
规格：33×20×9cm

昆石的清理

明代文学家、戏曲家屠隆在《考槃余事》卷三中谈到盆景与奇石时说："……更需古雅之盆，奇峭之石为佐，方惬心赏。至若蒲草一具，夜则可收灯烟，朝取垂露润眼，诚仙灵瑞品，斋中所不可废者。须用奇古昆石，白定方窑，水底下置五色小石子数十，红白交错，青碧相间，时汲清泉养之，日则见天，夜则见露，不特充玩，亦可避邪。"

屠隆是明万历年间的进士，他认为，无论是"木者"（老树），还是"石者"（奇石），都应该追求天然，不俟人力，不假斧凿。

杜绾的《云林石谱》也说："平江府昆山县石产土中，多为赤土积渍。既出土，倍费挑剔洗涤。其质磊魂，巉岩透空，无耸拔峰峦势，扣之无声……"昆石最初仅仅是"倍费挑剔洗涤"，并没有大动干戈。

真正的昆石精品由内在机理决定，石坯原本就粗具形态，且是一个独体，不与岩洞相连，从红泥包裹中取出后，只消清洗、剔杂、去渍，就可以上架了，根本不需要伤筋动骨。所谓"清水出芙蓉，天然去雕饰"就是这个道理。

题名：幽洞仙山
石种：鸡骨峰
规格：43×29×25cm

1. 古人清理昆石的方法

　　首先，将选好的昆石毛坯放在炙热的阳光下暴晒，使毛坯完全脱水，然后将荆树叶、海棠花、金钱草等含碱性的植物捣烂，再加上淘米水和成糨糊状敷在坯石上，或者把坯石浸泡在上述物质的水中。含碱的水浸入坯石的缝隙后，会使红泥疏松，尔后放入河水中清洗。此时，坯石中的泥沙随着流动的水漂出。这样的出泥过程需反复进行，直到坯石缝隙中的红泥全部彻底清洗干净为止。这个出泥过程的最佳时间段，一般在每年的夏季。在清洗过程中，如发现没有清洗掉的杂质泥屑，可用钢针或竹签剔除，以使坯石更为干净。在去尽泥沙杂质后，再把昆石放在白醋和少量盐水中浸泡，这一过程是使石上黄渍全部去尽，再让屋檐水（雨水）反复冲洗，直至石块洁白如玉。最后，还用少量荆树叶之水浸泡，使昆石光洁度更好。计算下来，古人运用"生态"的方法，将坯石清理干净，约需3年至5年时间。

2. 当代人清洗和整理昆石的过程

　　昆石的清理，要从选坯石开始。进入山洞，采挖出来的坯石大都混杂在红褐色的泥土之中，初选时要用竹、木棍将石面上的泥块清理掉，忌用金属工具，因为昆石硬而脆容易断裂，然后观察坯石的形状和品种，判断其是否有进一步清理的价值。这是第一步，也是关键的一步。之所以要慎之又慎，是因为此举关系到该昆石今后的"成败得失"。

　　接下来，把选好的坯石放在石质的板或水泥板上，在炙热的阳光下进行暴晒。坯石下面之所以放石板，是因为昆石可以收到"上晒下蒸"的效果。夏季是晒石的最好季节，尤其是在忽晴忽雨的日子，一热一凉更容易使泥土脱落。每隔三五天，就要将暴晒的坯石周身翻动一次，为的是使坯石的各个面都能被晒到。如果坯石的各个面晒的时间不一致或者没有被晒到，可能会出现石面受热不匀，造成有的泥土已经脱落，而有的泥土仍然很牢固的现象，为今后的工作增加了难度。

　　外表泥土脱落完的坯石，才能用碱进行处理。碱洗前，还要先将坯石晒热五六天，而后趁热把坯石放入热碱水中浸泡一两天以去除残泥，之后将坯石取出用清水反复冲洗，直至无泥为止。为了使石坯受碱蚀均匀，在浸泡过程中，要将其上下左右翻动。碱在这里的作用，主要就是清除坯石体内和表面残留的泥土。昆石被有酸性的泥土包裹，用碱处理，可以收到既去泥土又不伤石肌的双重效果。

　　如果此时的坯石石缝中还含有泥土和杂质，就需进一步的清理。这个程序主要是

题名：玉佛手
石种：海蜇峰
规格：32×24×15cm

题名：龙海仙骨
石种：鸡骨峰
规格：49×27×20cm

清除坯石窍孔、夹缝里的杂质。昆石在形成之初，已经有杂质乘机混入石孔之中，所以仅用碱是无法将其清除的。这时必须用细小的金属棍等物体把石孔打开，取出杂质。敲打石孔，用力要轻，这时的昆石已经完全没有了泥土的依托，特别容易碎裂，尤其是"鸡骨峰"品种石，更是"娇嫩无比"，不堪一击。

最后是酸洗。酸洗是清洗中的重要环节。碱洗过的坯石虽然没了泥土，但仍然有斑斑黄渍，这是泥土长年浸染的结果。酸洗之前，要先将坯石在水中浸透，而后晾干表面，才能放入草酸中。酸洗（酸浸泡）时，一定注意酸洗的时间和把握好草酸的浓度。可以手拿坯石浸入草酸中，也可以将坯石直接放在草酸里。酸洗的方式、时间的长短及草酸的浓度，要依据坯石黄渍的厚薄而定，不可估量为之。初次清理坯石，更要谨慎，超浓度的草酸和过度的浸泡，会使昆石的架构和石质受损，从而影响到它整体的观赏价值。酸洗过的坯石，露出洁白如雪的身躯后，必须要用淡碱水中和，然后再用清水浸泡两三天，中间要多次换水，直至将残留的酸碱全部清除，使昆石保持"中性"，最后晾晒干才算完成。

以上的几个步骤完成，所需的时间，要根据具体情况而定，泥土少且黄渍薄的坯石大概需要三五个月或者七八个月，泥土多、黄渍厚的则需用一两年甚至更长的时间。

3. 底座

昆石作为书房清供来欣赏时，必须配上底座，使其竖立，便于全方位赏玩。底座的选择有一定的讲究，必须能最大限度突出和升华昆石的美感，又能很好地支撑石体，使之稳定平衡。

具体说来，底座的设计首先需要观石。对所配的昆石细细揣摩、观察，深层次地领悟其神韵气质，并确定主要的观赏面，决定立座的方式。

其次，底座的设计要选择木材。一般根据昆石的品位高低来选择不同的木材，品位低的昆石用杂木，品位适中的昆石用缅甸花梨、巴西花梨、菠萝格等普通红木，品位高的精品昆石用鸡翅木、红酸枝木、紫檀等优质木料。

再次，底座的设计要注重风格。昆石出产于昆山，属于苏州文化圈，因此昆石底座的风格一般也采用苏式风格。这种风格介于京式与广式之间，造型优美、线条流畅，采用小面积浮雕。苏式底座一般有奶头脚、如意脚、卷珠脚、直梗脚、云纹脚、树根脚等。款式有全镂空、半镂空、圆雕、浮雕等。纹饰有卷云、海波、灵芝、铜丁

题名：桃源玉屏
石种：胡桃峰
规格：38×23×11cm

题名：祥云追月
石种：胡桃峰
规格：20×23×15cm

等。另外，底座的式样也可根据具体的石头而定，如鱼形的昆石可配波浪纹饰的底座等。

最后，底座的大小必须与石体协调，宽度一般不大于石体的宽度，高度一般为石体高度的三分之一。对于卧石和石体较小的昆石，可以适当增加底座的高度；较瘦长的昆石，可以扩大底座的宽度。总之，比例协调是设计底座的关键因素之一。

4. 宝笼

宝笼是用于盛放昆石的透明罩子。明清时期的宝笼来源于家具的构造方法，可以看作是一个微型的柜子或匣子，马蹄足、牙板、束腰、冰沿、柜门、框架等元素一应俱全，更注重保存功能。到了现在，宝笼一般由底座和透明罩子构成，保存藏品的同时兼具展示功能。底座多采用木料制作，透明罩子用玻璃或亚克力制作，比较讲究的宝笼罩使用 12 根实木木线条，然后将玻璃镶嵌在线条槽内构成玻璃框，然后罩在底座上。专门盛放昆石的宝笼应具有气质素雅、做工细巧的特点，同时与昆石和底座的风格统一，在色调、设计、韵味上浑然一体，互相加分。

在日常陈列中，因昆石喜潮湿，可在宝笼中放置一杯清水增加湿度。每隔一段时间，将笼罩拿开，让昆石透气，以保持它的鲜活。

题名：鲜味老蛰
石种：海蛰峰
规格：36×26×12cm

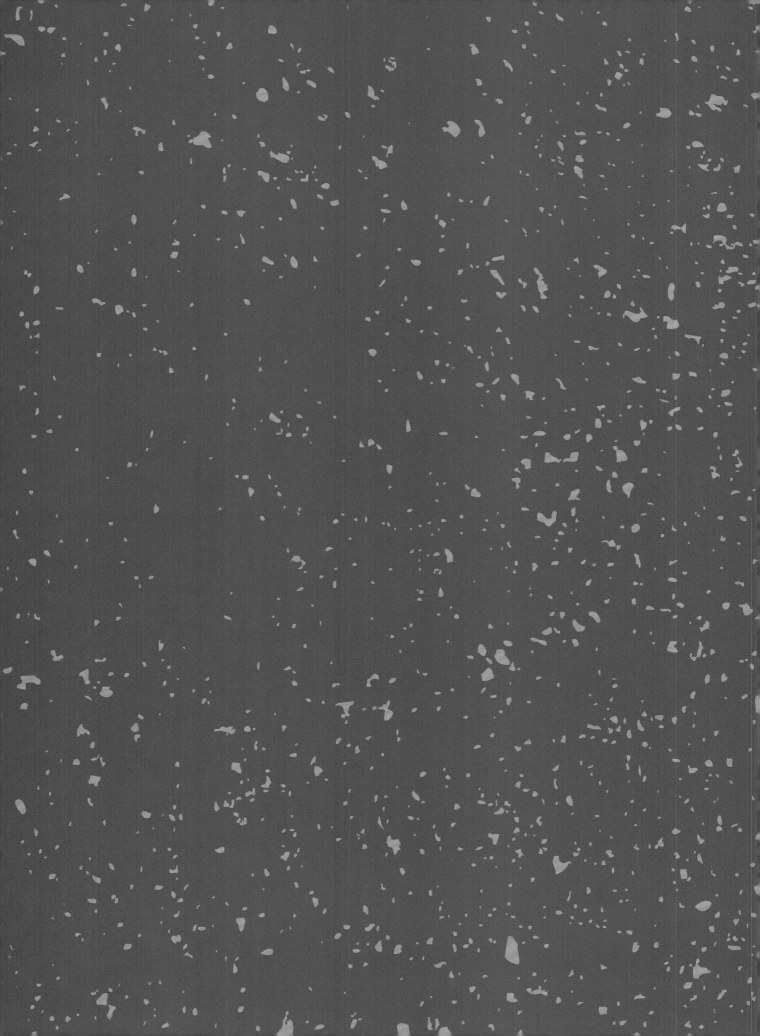

昆石的审美

题名：玉凤朝阳
石种：鸡骨峰
规格：25×18×11cm

1. 形态

昆石的形态千姿百态、千变万化，但归根结底，可以总结为"瘦、皱、漏、透、伛、醉"六个字。瘦，即体态纤瘦，瘦中见奇，线条挺拔，蕴含神气。皱，即体态起伏，凹凸不平，变化多端。漏，即石体玲珑，洞穴交错，气质空灵。透，即晶莹剔透，虚实结合，深刻澄明。伛，即稍稍前倾，形态危耸，极富动感。醉，即左顾右盼，姿态婀娜，风情万种。

另外，昆石的形体要完整，石体不能有破损，更不能有断裂的痕迹，自然中产生的断裂线和损伤，可视为"天残"。人为修饰，不能改变石体的天然走势和自然造型。除此之外，石体的形态要曲折、多姿，有变化。总之，天然隽永、自然造化，令人见之忘俗、值得反复品味的昆石，就是品质上乘的。

题名：玉兔思凡　石种：鸡骨峰　规格：36×33×12cm

2. 寓意

昆石的寓意丰富多彩，主要可分为以下几种类型：（1）形似，即昆石的形状像某种动物、植物，如"飞燕游龙"、"玉麒麟"、"玉兔思凡"、"龙吟虎啸"等。（2）意境，即昆石的形状符合某种景色、画面的感觉，如"凌绝顶"、"玉峰御道"、"仙山琼阁"、"昆冈片玉"等。（3）情感，即昆石的形态可以引申为某种情感、理想、希望、品德，如"兼听则明"、"福由心造"、"桃李不言"、"壮志凌云"等。（4）引申，即根据昆石的品种，进行进一步引申，如品种为雪花峰的昆石，可以叫"白雪拥玉"、"瑞雪"；品种为鸡骨峰的，可以叫"冰肌玉骨"、"冰心秀骨"；品种为胡桃峰的，可以叫"麻姑献桃"、"桃源仙居"等等。

题名：麻姑献桃　石种：胡桃峰　规格：23×20cm

3. 色泽

　　昆石是由石英晶簇组成的，化学成分是二氧化硅，从传统意义上来说，昆石的色泽以洁白晶莹、温润如玉为佳。但这种洁白不是一成不变的，随着光线、石体角度的变化，也会呈现出丰富的层次感：浓淡相间，灰白交织，空灵异常。同时由于其他杂质的加入，不同昆石的色泽也会有差异，有的偏青，有的偏黄，有的偏赤。如鸡骨峰、雪花峰晶体洁白，表面光泽，没有灰白感。海蜇峰、胡桃峰白中夹带淡青色，有青玉质地，玉质感很强。杨梅峰、鸟屎峰等品种石质较差，白中泛灰。当然，杂色的昆石有时也并不逊色于白色昆石，结合昆石的形态、寓意、质地等，也有可能形成独特的韵味。

题名：醉云　石种：海蜇峰　规格：25×23×17cm

4. 尺幅

从广义来说，马鞍山所出产的石头都是昆石，因此昆石的大小不一，大的有马鞍山上原生的石峰、石壁，气势雄峻，著名的峰峦有老人峰、东峰一线天、偃松岗、剑门等，著名的赏石有紫云岩、试剑石、石门、云根石、凤凰石、虎化石等。次者有布局在园林中造景用的昆石，如昆石馆中的"春云出岫"和"秋水横波"，窈窕飘逸。小的有盆景石、供石，可放置在书桌、书橱内欣赏，最小的不过拳头大小，小巧玲珑。

从狭义来说，形态美、质地佳、气质上乘、置于案头清供的才能被称为昆石。这类供石对石质、色泽、空灵度的要求非常严格，从毛坯选择、加工到成品，非一朝一

题名：海怪天机　石种：海蜇峰　规格：40×31×21cm

夕、十天半月所能成功，一般少则数月、多则数年才能完成。这类昆石因观赏价值高，体形越大越好，但一般的尺幅都在 20 厘米左右，超过 30 厘米且质量上乘的较为稀有，超过 50 厘米的精品更是凤毛麟角。

5. 昆石在不同环境中的欣赏

昆石的欣赏，首先是全方位的欣赏，360 度都值得细细品味，因此可以将昆石置于转盘之上，慢慢转动，使昆石的每一个细节都展示出来。同时，通过角度的变换，石体内外的奇妙变化也会不断呈现出来，令人回味无穷。

其次，昆石可以置于放大镜之下欣赏。昆石晶体的结构特殊，仅用肉眼无法完全发掘它的美，因此还可以用放大镜近距离观察。使用放大镜，可以将昆石内部的结构形态、质感、色泽的奇妙变化尽收眼底：仿佛群山连绵、峰峦叠嶂，更似沟谷纵横、

题名：蛟螭戏水　　石种：鸡骨峰　　规格：27×25×22cm

委婉曲折，又如钟乳溶洞、美不胜收，大自然的种种神奇造化，都浓缩在一块小小的昆石上。

最后，除了用放大镜观察细节，还可以在黑暗中，打一束强光照在昆石上，逆光观赏。随着石体的慢慢转动，昆石内部的厚薄、质地、结构发生变化，透光程度也随之改变，产生丰富的层次感，或清晰、或模糊、或温润、或明艳，变化无穷，形成一个光怪陆离的世界，给人无尽的美的享受。光线越强、欣赏越久，就越回味无穷。

6. 昆石的美，贵在天然

昆石的美，源于大自然亿万年的造化，材质似玉，色泽如雪，天然多窍，形态各异，从来就是充溢文化意蕴、寄托艺术志趣的观赏名石。它那鬼斧神工的美超越人们的想象，民间称之为"巧石"。然而，近年来由于经济利益的驱动，市场需求与资源紧缺形成了很大矛盾，为取悦于人，有人找到一些质量较差的毛石，千方百计地加工，即所谓的"昆石加工技艺"。而市面上出现的一些昆石，生来就有各种各样的缺陷，不雕琢无法成形，当然要想尽一切办法加工。可这岂能作为昆石的代表？

昆石资源实在很有限，何况又经过上千年的开采、流转、散佚，今天所能见识的，无法跟前人相比。能够称得上精品的，更是凤毛麟角。唯其少，才愈加显得珍贵，才愈加要有很高的审美标准。一件观赏石，犹如一件艺术品，确实很难制定量化的审美标准。但按照中国人自古以来的艺术传统，浑若天成，巧夺天工，总是最值得推崇的。自然而然的东西，往往能获得大多数人的喜欢。

缺陷较多的石头，纵然借助于现代工具切割，用化学药物增白，以喷硅油上光，千方百计掩盖瑕疵，甚至注入了无限妙思，堪称巧夺天工，所加工出来的也已经不是原汁原味的昆石了。况且昆石有许多个种类，因为它们酷肖于某些物品，分别被命名为鸡骨峰、杨梅峰、胡桃峰、荔枝峰、海蜇峰等。这些形态特征，既是大自然的赋予，也是人们内心情感的依附。天然之石，妙不可言，从这个意义上看，昆石加工技艺之类，就显得不重要了。

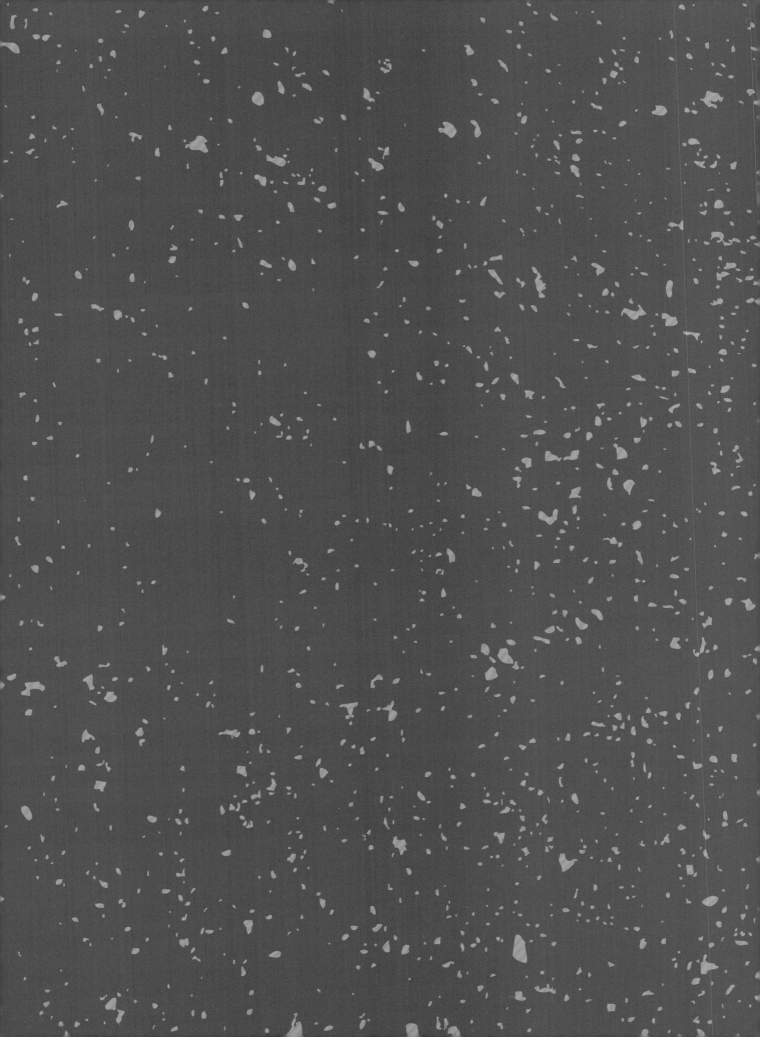

昆石的命名

　　给昆石命名，就是用精美的文字表述昆石艺术特征，显示鉴赏者见解，表达鉴赏者意愿，赋予昆石一种符号。昆石命名的基本原则，就是要切合昆石的形态和神韵，引人入胜，在鉴赏者产生强烈共鸣，参与"再创作"的过程中，增强昆石的艺术表现力。

题名：仙界奇峰
石种：鸡骨峰
规格：63×33×23cm

一般说来，昆石的命名需要掌握以下几条重要原则：

一是简明易懂。所谓简明易懂，是指命名时所使用的文字十分明晰，却又含有深意，让人易懂易记。

与人的名字一样，昆石的名字应该在符合其特性的基础上，做到简单易读，记而不忘。雅俗共赏是昆石收藏的要旨，不能为了片面追求文化内涵，而滥用笔画复杂的文字和常人不识的生僻字，无形中造成他人的难堪。与此同时，还要做到音韵谐畅。也就是说，命名时所使用的文字，组合起来音韵和谐，叫起来朗朗上口。例如"玉玲珑"、"冰心秀骨"、"傲视长空"、"鳌头独占"，一听名字，就知道这几件昆石的形态，或者是玲珑剔透，洁白晶莹，或者是酷肖生物，形神兼备，令人爱不释手。名字成了它生命的标志。

二是寓意高雅。所谓寓意高雅，是指命名时所使用的文字，表达高雅的思想，具有深刻的寓意。

讲究寓意雅美，历来是中国传统文化的特点。崇尚儒学、尊祖敬宗、师法自然、天人合一的传统理念，都在昆石的命名过程中得以体现。例如"祥云团栾"、"麻姑献桃"、"瑶台灵芝"、"瑞雪龙潜"等等，一看便知是传统理念的表达。然而，随着时代的变迁，传统文化中也渗透了今天崭新的道德观念、情感、理想，使一些昆石的名字具有现代感。例如"考拉献技"，在树袋熊——澳大利亚的国宝，奇特的珍贵原始树栖动物身上汲取昆石命名的灵感，无疑体现了与时俱进的开放意识。又如"圣火"、"圣洁中国结"，均是在2008年8月北京举办奥运会期间给昆石的命名。从中不难看出，命名者怀着一腔对伟大祖国的挚爱，对中国的未来充满希望，对昆石的形态与色泽有了不同的理解，赋予全新的寓意。

三是契合特征。所谓契合特征，是指命名时所使用的文字，符合昆石的特性，给人以"名如其石"的感觉。

一件昆石的个性色彩愈是鲜明，其命名的符号性就愈强。相反，如果一件昆石的名字与其他昆石的名字相近甚至相同，则说明它个性不鲜明，其符号性自然很薄弱。

这里所说的昆石特征，是由它的石质、尺幅、色泽、形态及完整度决定的，也跟命名者的文化内涵、审美层次有关。昆石中的象形石，往往为人们所喜爱，就是因为它形体生动，逼真传神，很容易辨认出它像什么，而且是越看越像，给人很大的艺术感染力。动感，常常被认为是象形石的生命。酷似人物的眼睛和衣袂、动物的肢体和皮色，都可以是命名的触发点。如"玉蛙鸣天"、"东海仙蜇"、"玉兔"、"海马"等这

题名：聚云峰
石种：海蜇峰
规格：35×23×20cm

091

题名：千层醉
石种：海蜇峰
规格：30×23×18cm

些名字，很明显是从它们的象形特征中获得了启示。

四是构思奇巧。所谓构思奇巧，是指命名时所使用的文字，构思巧妙，出人所料，不同凡响。

一些昆石在加工过程中，收藏者的心目中已经对它作了研究，给它取了小名。在正式命名时，又会进行一番推敲，将已有的小名略加修改，使"俗名"变为"美名"，这就是讲究构思，只有出人意料、不同凡响的构思，才可能给人留下深刻印象。奇妙的构思，能够变陈旧为新颖，变单薄为丰满，变狭窄为开阔，变抽象为形象，变平淡为神奇，变直露为含蓄。

例如"雪球银花"，石种为雪花峰，呈完整的圆球形，色泽洁白，纹理细腻，凹凸有致。片片雪花环布全身，构成了一朵耀眼的银花。乍一听名字，会以为是轻软之物。可是仔细辨析，才明白命名者的匠心，他把雪花峰的特征表达得淋漓尽致。又如"洞府仙界"，收藏者获得这件昆石时，黄泥包裹，貌形平平。谁知用水一冲，峰穴自出，竟是鸡骨峰珍品。一件原本被认为是很普通的昆石，增添了灵仙之气，身价自然不菲。"鳌翁同寿"，是一件昆石鸡骨峰。石身犹如老翁之首，眉眼、鼻梁、下颚绰约可辨，腰背似乎还有一些伛偻，一望便可知是一位学问渊博、和蔼可亲的老人。命名者由此触发灵感，与南山比寿，使这件昆石愈加受人喜爱。

毋庸讳言，昆石的命名也有一些粗陋简单、随手拼凑、毫无新意的。赏石文化博大精深，如何以点石成金的方式给昆石命名，使之增添神韵，尚待有志者不懈努力。

题名：玉兔
石种：海蜇峰
规格：42×25cm

昆石资源的保护

题名：昆仑神鹰
石种：雪花鸡骨峰
规格：33×25×16cm

昆石，作为中国著名的观赏石，千百年来产生了很大的影响。近些年来也频频在国内各类展览和比赛中获奖。这让昆山人为之骄傲。

然而，由于昆石的审美价值和文化价值极高，自古以来人们对昆石的需求量都很大，社会上争相求购。但由于资源有限，造成昆石供不应求，有人便到玉峰山中偷挖，甚至伤及山脉，历代官府为保护资源，屡次下令禁止挖掘。

在宋代，因盗挖严重，宋太府丞陈振下令立碑，明令禁止随意挖掘昆石。清代，昆山知县许松佶、新阳知县白日严立碑永久禁止开凿昆石。1935年，昆山的潘鸣凤、徐梦鹰等名士上书民国政府实业部，要求"从严永禁开凿马鞍山山石"，经实业部批准，县长布告禁止开凿。新中国成立后，昆山市（县）人民政府更是采取各种手段保护昆石资源：一是政府下达红头文件公示，禁止开挖偷盗，2007年7月27日，昆山市人民政府制定了《关于禁止盗挖昆石的决定》，并立公示牌于玉峰山东西入口处；二是将玉峰山上所有的洞穴用水泥封闭，并用摄像头严密监控；三是组织夜间巡逻队检查；四是通过树立告示牌、媒体宣传等方式告之民众，警示教育；五是处罚有力，对于偷挖的人，一旦抓到即给予相应处罚。通过一系列的有效手段，目前盗挖昆石的现象已基本绝迹。

昆石虽是案头清供的艺术品，但最原始的身份还是自然生态的组成部分，是一种不可再生的资源，挖一块就少一块。如果竭泽而渔，最后的结果就是玉峰山不再有"玉"，"昆山"这个借来的名字也将名不副实。我们必须花大力气保护，原则上不准在玉峰山动土建筑，以保持自然生态。对于严重破坏山体资源者，要狠狠打击，决不能姑息。每一个昆山人都不会愿意让名垂青史的昆石损毁，愧对自己的先祖和后人。

题名：桃源仙葩
石种：胡桃峰
规格：28×20×18cm

附录

题名：蜇海蕴玉
石种：海蜇峰
规格：31×22×9cm

昆石在重要展览活动中获奖一览表

编号	姓名	石名	品种	获奖记录	奖项	备注
1	吴文忠	羽玲烟霞	胡桃峰	2012年上海万春园第十届中国赏石展暨国际赏石展	金奖	古石
2	刘锡安	峰峦玉洁	海蜇峰	2002年北京中国首届赏石展中国首次家协会联合举办	金奖	
3	李昆麟	冰心秀骨	鸡骨峰	1997年上海植物园第四届亚太地区盆景赏石展览会	金奖	
4				2004年南京第六届中国赏石展暨国际赏石展	金奖	
5	沈凤树	团蜇银裹	海蜇峰	2012年上海万春园第十届中国赏石展暨国际赏石展	金奖	
6	沈凤树	黑玉冰清	黑昆石	2012年上海万春园第十届中国赏石展暨国际赏石展	银奖	其他品种
7	仰圣清	天机云锦	海蜇峰	2009年上海中国国际赏石精品展博览会 迎世博	极品奖	
8	仰圣清	蛟螭弄涛	海蜇峰	2012年上海万春园第十届中国赏石展暨国际赏石展	铜奖	
9	仰圣清	月华悬空	海蜇峰	2012年上海万春园第十届中国赏石展暨国际赏石展	银奖	
10	仰圣清	桃源玉屏	胡桃峰	2012年上海万春园第十届中国赏石展暨国际赏石展	银奖	
11	仰圣清	白雪拥玉	雪花峰	2012年上海万春园第十届中国赏石展暨国际赏石展	银奖	
12	亭林园	祥云团栾	海蜇峰	2007年北京奥运邀请展中国观赏石博览会	金奖	
13	陈志高	晴空一鹤	鸡骨峰	2007年北京奥运邀请展中国观赏石博览会	铜奖	
14				2004年南京第六届中国赏石展暨国际赏石展	银奖	
15	陈志高	玉麒麟	鸡骨峰	2004年杭州中国第七届艺术节	绝品奖	
16				2007年被中国观赏石科普丛书列为中国名石	中国名石	
17	陈志高	琼峦叠秀	海蜇峰	2012年上海万春园第十届中国赏石展暨国际赏石展	银奖	
18	潘春桃	雪山片玉	鸡骨峰	2008年中国赏石展博览会携手奥运北京精品展	奥运之星	
19	潘春桃	翠峰染霞	海蜇峰	2010年第九届中国赏石展览会	铜奖	
20	潘春桃	春花通福	小杨梅峰	2012年上海万春园第十届中国赏石展暨国际赏石展	金奖	
21	张洪军	仙山云峰	鸡骨峰	2012年上海万春园第十届中国赏石展暨国际赏石展	银奖	

题名：穿石
石种：雪花峰
规格：38×40×22cm

101

题名：飘雪聚云
石种：雪花峰
规格：27×20×15cm

文章集萃

昆石审美

刘建华

　　国人爱石历史渊源流长、绵延数千年，蕴含着丰富的东方哲理与传统审美意识，历代文人雅士多与奇石结有不解之缘。自古以来，石体在园林、绿地中的堆叠、点缀到以红木几座置上奇石的文房清供都蕴含着深厚的文化内涵。这源于先民在幻想中把自然物加以神化、敬而重之，后又回到现实，赋予其人化的品格和艺术化的美质，使奇石或隐或显、或真或幻地体现着具有民族特色的审美传统。随着社会的发展、文明的进步，赏石不再仅为文人雅士所独享，它已逐步扩展至社会各个层面，现今华夏大地奇石收藏、雅石展示比比皆是，已逐渐为群众所喜闻乐见。

　　玉峰山以山形胜、蜿蜒多姿、满山耸翠、草木蓊密、四周曲水环抱、湖河浸山，其山不高，但具丘壑，其水不广，却多深意，素有"江东之山良秀绝"之美誉。据地质勘查考证，玉峰山约在5亿年前的地壳运动中，由熔岩自海底喷腾而成。因凝聚合成元素的不同及成形过程的差异，玉峰山形成了以石英石及其他不同质地为主的集合体，随着漫长岁月的推移、陆地的抬升，经过大自然复杂的物理、化学、生物的作用，石体中的各种成分又不断产生分解与剥离，昆石亦由此逐步形成。

　　昆石又被称为巧石、玲珑石、昆山白石，它洁白如玉、玲珑剔透，它的天生丽质，独特神韵与风骨，为世人所珍视。历来被视为厅堂陈设、文房清供之佳品。

　　同一玉峰山中的昆石由于成形过程中的不同，其质地、构成、色泽亦各不相同，也就产生了昆石所独具的多类型的个性特征。其石质构成有片状、板状，有晶状、粒状，有曲状、球状。又随着采集的角度不同，更是形态各异，无一类同。先人按其各类特征，给予鸡骨、杨梅、雪花、荔枝、胡桃、海蜇等不同称谓。明代周复俊《山

题名：拜
石种：胡桃峰
规格：28×18×14cm

104

题名：疏风揽月
石种：雪花峰
规格：34×27×13cm

志》就有记载昆山石"有黄沙洞、鸡骨片、胡桃花诸名，佳者如春风出岫、秋水横波，极天斧神工之巧"。

昆石天然多窍，峰峦嵌空，其色泽更是白如雪、黄似玉，晶莹剔透，体态冰清玉洁。元人张羽、袁子英赞昆石小峰曰："昆丘尺壁惊人眼，眼底都无嵩华苍。隐若连环蜕仙骨，重于沉水辟寒香。孤根立雪依琴荐，小朵生云润笔床。与作先生怪石供，袖来东海若为藏。""石状离奇色明洁"则是清代归庄对昆石形与质的概括。

对昆石的艺评，历来人们常以评赏太湖石的"皱、瘦、漏、透"四字诀为标准，无可置疑这是赏石的一种审美思维。"皱"为石体表面具有起伏不平的自然肌理，状同绘画之"皱法"，产生明暗变化而富有节奏感，风骨犹存，总体感觉有章法。"瘦"为对石体总体形象的审美要求，具有纵向伸展的瘦长形体，或苗条、或秀挺，棱骨分明，李渔所谓"如壁立当空，孤峭无倚"。"透"与"漏"为石体上下左右孔窍通达，玲珑剔透，如有路可行，立面造型变化多端，奇幻莫测，具有三维空间的实体。古人把无据可寻的奇石以这四字来概括，简约精辟，已成为后人玩石品鉴的一个重要依据。

但四字诀并不能包罗赏石标准的全部，尤其昆石具有多种的形、质、色的不同特征，是其他石种所不能比拟的，四字诀仅概括了石体外表的形态特征，除此之外，赏石还因人们赋予其清、奇、丑、顽、拙等不同的欣赏角度、品位标准、文化内涵而更仪态万千。

随着赏石内容的发展、赏石理念的更新、文化内涵的不断丰实，品评昆石的标准亦自然走向了多元化。

形态的优劣是品评昆石的第一要素，是欣赏昆石的主要内容与形式。有石置案上，一眼入目首先是它的形态特征，它的大小比例、宽窄肥瘦，它的朝向度势、空灵虚实，它的色泽明暗、皱褶层次，它的如人如物、似与不似。总之，它的形体轮廓、色泽及石面状态变化是给欣赏者的第一印象，俗话"人看走来，树看劈开"，是同一个道理。现今流传于世的昆石，已一改传统的石形程式，有大者数尺、小者盈寸者，有壁立成峰、玲珑秀润者，有嶙峋巧俏、透朗轻盈者，有垒块成峰、糙骨刚奇者，有孤根立雪、玉立亭亭者，有宾主朝揖、罗列群峰者，有似人似物、似与不似者。可说是千变万化，各有千秋。这种千姿百态的昆石形态已为人们所接受，以往沿袭的昆石形制程式正在发生变化，对昆石的欣赏角度已有更大的包容性与广泛性。

一幅成品昆石的成形，很大程度受到来自采石和清理过程的制约，最后的成形可

题名：奇峰雪霁
石种：雪花峰
规格：24×20×14cm

题名：雪桃
石种：胡桃峰
规格：23×16cm

以说具有较大的偶然性（因昆石质地薄脆，遇震易裂），在清洗为成品状态更是无法确定，随着收藏人的文化修养和技艺水平的优劣会得到截然不同的结果。一幅完整的昆石，首先应具备形体完整的条件，浑然一体，貌似天然，无崩、裂、断之明显痕迹，经过长时间清理，达到自然天开的效果。

近观昆山亭林园昆石馆陈列之展品"祥云团栾"，石峰高50厘米，宽35厘米余，万窍玲珑，四面取势，峰顶朵云突兀，石身形同云立，色似玉、露晶莹，无一瑕疵，满目秀润，可谓昆石之极品。展品"冰心秀骨"可谓昆石鸡骨峰之典型，其体态透朗轻盈、婀娜多姿，晶莹骨片纵横、薄如蝉翼，犹同一片冰凌世界，观之无不为此瞠目。有诗赞曰："亭亭壁立一孤峰，眼底冰凌浸石中。造化天工成秀骨，万千涧壑锁玲珑。"在这里，昆石对皱、瘦、漏、透的充分体现已达到了极致，是任何其他石种所不能比拟的。

质与色是品评昆石的重要依据，更是导致人的视觉产生美感效应的重要因素。由于大自然赋予的特殊构成，昆石是白云岩和水晶簇类的组合，产生了独特的质、色特征，洁白与光泽共生，宋代杜馆《云林石谱》记有"平江府昆山县石产土中，其质磊块，巉岩透空，土人唯爱其色洁白"，昆石历来以其完美的晶形、晶簇与空灵、跌宕的构成得以在奇石的大千世界中魅力独具。一幅上品昆石能展示其质与色的率真自然本质，包含着一种无言的精神力量，这是弥足珍贵的。昆山"玲珑石馆"藏有荔枝峰一片，名曰"玉蕊屏"，高尺盈，卧峰如屏，如荔花朵朵匀整满壁，皓白如雪，圣洁超然，犹如一幅玉琼浮雕图，观之过目而不忘，曾有诗赞之："昆岗巧石是天工，色质形纹俱不同。不羡玲珑神秀骨，折来荔枝化春琼。"

轻盈俏巧也为昆石的一大特征。石体比例尺度在中小型的昆石中尤能得到充分的体现。观昆石馆展品"玉玲珑"，高不足尺，宽仅三寸。疏空灵巧，凹凸丰富，通体洁白如雪，纯净至极。安座犹如孤根立雪，峰不大，但体态容华，不失为昆石珍品之作。山不在高，有仙则名；水不在深，有龙则灵。否则陆游不会留下"一拳突兀千金值"的名句了。

空灵剔透是昆石的重要特征，但顽、拙之神态却使昆石具有另一种神韵——返璞归真的自然美。笔者曾见"皓石轩"所藏昆石"银峰"，高近三尺，全峰嵯峨，石脉凝脂，酷似银毫笔立，实为罕见，虽不玲珑，但见峰峦层叠，皓石神骨尽显，细细琢磨，慢慢品味，神韵无穷。

奇石艺术，贵在含蓄，神与意是品石所应追求的。现今赏石界追求形似寓意的不

题名：雪峰幽韵
石种：海蜇峰
规格：28×30×20cm

题名：玉玲珑
石种：胡桃峰
规格：37×27cm

在少数，它肖形状物、浑然天成，不乏精品。昆石亦有追象附形的趋势。自然石的象形应是一种抽象的概念，它也不可能产生巨细无遗的形似物，它应具有现代抽象雕塑的一般元素；简约、变形、抽象，不求形似的酷真而讲究内在的神似，贵在含蓄。但目前赏石界尚有不少象形石牵强附会、故弄玄虚，就显得媚俗了。以笔者所见，不如留给观赏者慢慢遐想的空间，乃为上策。

观赏石既无定样，又无定势，千姿百态，变化无穷，为人们提供了一个无限广阔的想象空间，人们能在其中产生联想、得到领悟，所以对观赏石的欣赏过程，也是一个审视、揣摩、品鉴、神往的过程，由此得到美的享受。

昆山石在奇石的大千世界中占有一席之地，被誉为我国古代四大名石之一。但相比之下，却远没有灵璧石、太湖石在世上流传、影响广，这是一定的客观原因所致。

昆石本身存在三大局限性；一是量少，据目前所知，昆石仅为昆山玉峰山所独有，玉峰山东西600米、南北仅百余米，自宋代始，历代又屡屡禁上玉峰采石，故奇货可居，流传范围可想而知，而太湖石、灵璧石产地多处，资源丰富，收藏者遍布各地，车载吨计，不乏其人。二是体小，由于昆石石质构成的固有特性，玲珑空透，要采集觅得较大形体甚是不易，多为小巧，能达数尺之巨的已为罕见，至今最大的观赏类昆石要数昆山亭林园内陈列的"春云出岫"和"秋水横波"了。由于昆石形体小，故其在造园用石上受到了极大的制约，历来多用于文窗清供及盆景配置点缀。三是昆石质脆易裂，也影响了它的流传与保存。曾有"昆山白石奇特，不能携至北方，有一过黄河则裂"之说。可能也是因此，昆石才与宋"寿山艮岳"无缘而幸免"花石纲"之灾。在清代归庄的《昆山石歌》中就有"犹幸此石不入贡……不劳朱勔来踪迹"。天下事往往塞翁失马，正是犹幸昆石的种种局限，昆山玉峰这一弹丸小丘数百年来才未被挖掘殆尽，至今尚能屹立在江南百里平畴，一峰独秀。而那朴实无华、独具风骨的昆石在奇石世界中尤显珍贵，昆山代代有识之士保护玉峰山，其举更功不可没。

天下奇石都有着不同的特性，各类奇石之间并不具有可比性。随着赏石文化的发展，各地新奇石种更是层出不穷，丰韵、魅力各异，所以也无法寻求一个统一的审美标准。衡量奇石的品质好坏，何等为佳、何等为次，首先应对其有一个较全面的了解，从其地质成形过程到历史文脉的延伸，从熟知其特性，到理解、掌握其精华所在，这样才能明辨优劣、等次，才能把握较好的品鉴尺度。

对昆石的欣赏、品鉴，历来亦包含一定的审美要求，这是以昆石的特殊品度为前提，察其外表的质、色、形来揭示其内在的雅、清、古。欣赏昆石在于清赏，收藏家

题名：云心月情
石种：胡桃峰
规格：28×20×16cm

题名：春之云
石种：鸡骨峰
规格：30×18cm

邑人殷君认为："昆石只能欣赏而不能把玩。"的确在理。

欣赏奇石应具有二重性：一是奇石本身显示自然美的客观性，二是观赏者对美的理解、认识及追求、欣赏的主观性。客观景物为境，而主观意象即意，是寄情，所以意境就是人在审美过程中由对象所产生的一种情调或境界。这种情调或境界源于物，也源于心，二者缺一不可。只有二者统一，奇石之美才能得以呈现。对昆石的品赏也要追求客观形象的完美及主观情感的抒发，才能进入辩证统一的艺术世界。

品赏昆石应注重以下几方面：

其一，需形体完整。无论石体的耸立、偃仰、侧倚、横卧，都应具有一个完整的形体，无明显崩、断、裂、碎之痕迹（若仅是断块残片，更是不在其列），极应"具象之体、在于天成"。从小到一拳大至数尺概不例外，其石体轮廓应有势、有姿、有态。"有态才能百象生"是有一定道理的。

对昆石的形体状态，人们亦常提到瘦与伛，奇石本无肥瘦之嫌，赏石论瘦，实是以石喻人，赋予其人格化，这种人与石相互比拟的审美风气，其源可上溯至晋代，如《世说新语·赏誉》有"王公目太尉：'岩岩清峙，壁立千仞。'"，《世说新语·容止》有"嵇康身长七尺八寸，风姿特秀……山公曰：'嵇叔夜之为人也，岩岩若孤松之独立；其醉也，傀俄若玉山之将崩。'"，均是以石来比喻人的风姿。明代太仓王世贞有弇山图，内有寺石名"楚腰峰"，用"楚王好细腰"之典，点出读石的瘦秀之美。而"伛"则是石身上部稍呈前俯，尚有谦逊恭敬之喻，所谓"瘦"与"伛"，这仅是观赏者对石体外形的一种审美喜好，除此之外还有"丑石观"之说，苏东坡谓之"石文而丑"，郑板桥亦有"丑而稚、丑而秀"之论，所以"丑"同样是一种审美喜好。

总之，无论瘦也好、伛也好、丑也好、雄也好、奇也好，"仁者见仁，智者见智"，各有不同追求罢了。

其二，需石体空灵。由于天工造化所致，玉峰山之昆石的构成具有独特的架构与风骨，石体岫岩空透，纹理纵横，脉络起隐，玲珑安巧。昆石中的鸡骨、雪花、杨梅、海蜇等种类，都是由不同的筋络构成与石面变化所产生，由于不同的构成形式，造成了昆石面形态上的不同骨片皱折、凹凸肌理与透实交织的空间层次，如鸡骨片，其纹理纵横交叉清晰可见，其石面呈片状，似鸡骨，断面晶莹犹似冰缝，骨片纵横，如岩镶嵌。如雪花峰，其峰峦秀峻，储天地至精之气结石如晶，洁白状似雪花，拥垒岩壁。如海蜇峰，其石质润泽，莹洁冻玉，石片疏朗层叠，色有淡青、玉黄。如胡桃花，其石面遍多坳坎，隆起状似胡桃，其上等密布皱折，似考水纹，断面似晶带盘

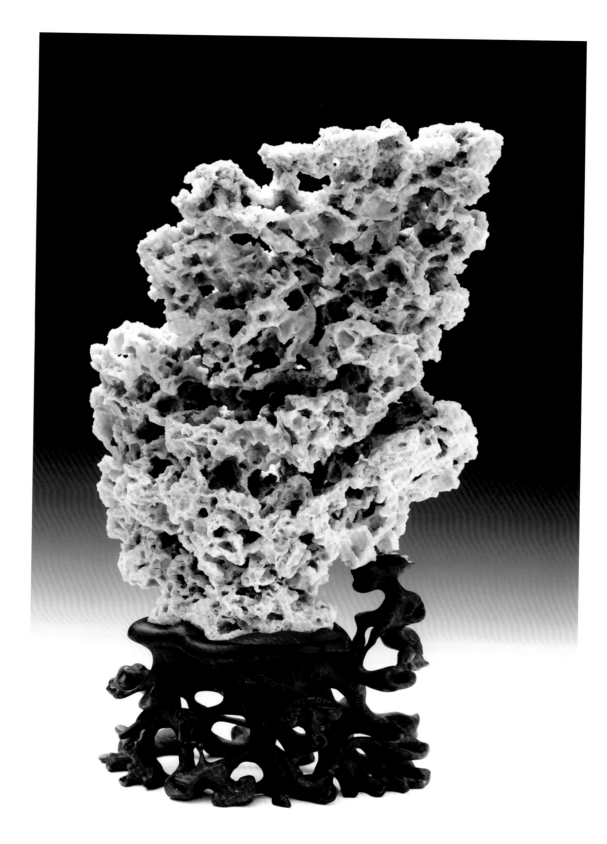

题名：洞天福地
石种：海蜇峰
规格：38×23×9cm

题名：喜鹊登枝
石种：海蜇峰
规格：29×13cm

曲，与胡桃肉之断面一般无二。如鸟屎峰，其石身密附石粒状，似粟米，上下堆积成片，俗称鸟屎峰，色有灰有白。此外，玉峰山上产有大鸡骨片，石片如板，石质坚硬，石面附有密集波纹，该石峰多具雄奇之势。

一幅上品的昆石应具有显露的石骨，不同的石面状态能得到充分的体现，具有丰富的空间层次变化，也就是具有常说的透、漏、皱的特点，石身总体有章法，富有意蕴，昆石的品相亦会由此而生。

其三，需质构纯朴。由于昆石在地质成形过程中的差异，出现了众多不同石质成分的交织，形成了昆石构成形式及状态的多样性，同一峰石中往往会出现不同的石质结构及组合状态，鸡骨片、海蜇峰、胡桃峰各种状态会在同一峰石中混杂出现，对此应以断离明晰、交相辉映者为佳，若能质地纯净如一，则是难能可贵。

其四，需石质率真。昆石多为石英质，微白，亦有呈半透明状，并附有不同状态的晶体，且透而明，色泽与光泽交相辉映。一幅上品昆石应留其原有石质的自然本色，这是衡量一块昆石质地优劣极为重要的标准。观之明洁，石面应不燥、不灰、不僵，而清脱、悦目，尽显昆石晶莹之本质。昆石采集后的去渍处理至关重要，稍有不慎，容易使石面质地发生变化，失去昆石原有的纯真原貌，而降低其艺术价值。

其五，需几座匹配。昆石观赏以文窗清供居多，几座是成品昆石展示的重要组成部分，它能起到烘托、提神的作用。配座时对石品立峰角度位置的选定是一个关键，这能使其展示效果产生天壤之别，极需反复细细推敲，基座的体量、造型、色泽亦需与石品相匹配，力求和谐，以达到浑然一体，避免喧宾夺主。几座形式应力求避免雷同，若能应石而异，多出妙构，与石品相得益彰，则更意趣无穷。

其六，需命题含蓄。对观赏石的命题是赏石过程中的一个重要内容，昆石同样也不例外，它能"昭彰奇石形神、提领观众入胜"。与观赏者共鸣，引发遐想，产生意境，大大提高了作品的艺术表现力，对景物的命题已成为我国传统文化中的一个闪光点。对观赏石的命题要名实相符，而又要达意，更要含蓄，才能成为佳作。通过命题能使作者"直抒胸臆"，起到表述、寄情的作用，命题不能仅成为石品的一个符号，所以一个好的命题应以物而题、以境而题、以情而题，题外有意，意内含情，能使"片山有致，寸石生情"。

命题要避免落于俗套，大同小异，似曾相识，观者看后淡而无味，味同嚼蜡，过后即忘。命题极需言简意赅，用词高雅精辟，点到就好，应追求"淡语皆有味，浅语皆有致"的境界，其字数可不拘一格，自一字起至多字成句，只要达意，读来能朗朗

题名：无题
石种：胡桃峰
规格：34×23×12cm

题名：小玲珑
石种：鸡骨峰
规格：20×18×8cm

上口，如"秀"、"朵云"、"玉蕊屏"、"冰心秀骨"、"春云出岫"、"秋水横波"、"溅落千朵雪"、"飞流直下三千尺"等。

赏石文化博大精深，窥古人赏石风情，或赋诗填词、题咏作画，或友情唱和、品著鉴赏，均深含着中国的传统文化内涵，历代名人留下了不少赞咏昆石的诗文，充满了情景交融之情感，这种情感或境界均源于物，更源于心。

题名：银辉呈祥
石种：海蜇峰
规格：40×29×12cm

题名：银装雪裹
石种：雪花峰
规格：22×23×11cm

昆石的诗情画意和文人情结

邹景清

昆石文化源远流长，它作为大自然遗留下来的艺术瑰宝，在历史的长河中曾几度灿烂辉煌，影响深远。它虽是中华大地上一座小山孕育之物，但却是历代文人雅士和达官贵人竞相追捧的瑰宝。它虽体积不大，却凝聚着中华民族独特的精神气质。它不仅能提升人们品味自然、品味宇宙万物之智能，而且还能提高人的信息负荷能力，促使人们向更高的人文层次发展。究其原因，笔者认为是唐诗宋词中的文化精神力量，使昆石成为中国古代四大名石中的一朵奇葩。

（一）昆石的诗情画意

1. 昆石生逢其时，得到了诗的孕育

昆石的出世和进入盛世正值唐诗宋词的繁荣时期。300 年的南北朝之争直到隋朝 30 年的统一，这期间战乱不断，人民生活极端贫苦，是不可能赏玩奇石的。唐朝于公元 618 年立国，唐太宗"贞观之治"期间，国泰民安，丰衣足食，正是赏玩之风盛起之时。太湖石此时已被人们赏玩，而同一地区的昆石，由于其毛坯形象丑陋，还没有为人们所接受。到公元 830 年前后，唐朝诗人白居易撰写《太湖石记》而不写《昆山石记》，说明昆石还没有真正面世。昆石的面世是在唐诗的鼎盛期，就是说昆石从毛坯成为观赏石，其间经历了 200 年左右的岁月。此时已进入唐朝后期，而这时，诗歌盛行，上至垂垂老人，下至黄发孩童，均能即兴吟诵几首朗朗上口的千古绝唱。昆石，生逢其时，它是在诗的氛围中被人们不断地发现和追捧，先天就具有极其浓厚的文化积淀。诗文化不仅熏陶了昆石文化，使昆石文人气息十足，而且使昆石文化一开始就蕴涵了诗情画意。

昆石文化在宋朝走入鼎盛时期，许多文人用诗词来赞美昆石，使昆石在诗歌中一路走来，其文化价值和精神力量也越来越为文人雅士所认识和看重。昆石文化在历史的长河中，犹如天马行空独领风骚，成为赏石文化的一面旗帜，引领人们从赏石中得到美的愉悦和智慧的启迪，引发人们托石寄情，借石言志。

2. 昆石的文化艺术特征和题名

在诸多奇石中，唯有昆石的赏析方法和题名与众不同，其既意境深远，又内涵丰富，极具奇石艺术感染力，每方昆石均是山形或峰形，似画非画，极少象形。赏石理

题名：巧得天机
石种：鸡骨峰
规格：20×13×5cm

题名：别有洞天
石种：鸡骨峰
规格：48×30×25cm

论家陈东升先生，在编著的奇石大观中，对昆石的赏析和题名都赞不绝口，认为其确有独到之处，极具文化艺术特征。

（1）昆石的文化艺术特征

昆石既乳色朦胧，又细腻精巧。远看白色一片，似山间晨雾在飘浮，近看则石质机理细腻，结构奇特灵巧。如鸡骨峰中的鸡骨，片片自然排列；如杨梅、鸟屎峰中的水晶晶体，均呈现粒状，而又粒粒皆附于石上且闪烁发光；海蜇峰中的海蜇犹如活的一般在慢慢游动；更奇的是，昆石具有独特的天然洞中结构美，其纵深梯次的展示，真是千奇百怪，景象万千，充满生机和活力。

昆石既清淡婉约，又纵横变化。昆石的白色气韵如山间的兰花，幽雅而清香，既淡雅朴素，又不张扬；也似昆曲一般，曲调清扬动听，又奔放绵长，自由婉转。而昆石的形态则如群山逶迤，纹理千变万化，又凹凸有度，神骨尽显。宛如盛唐的诗歌，既热情奔放，又风情婉约，既情景妙合，又思与景偕，意与象应，使心与石得以和谐与统一。

昆石既空灵婉约，又宁静致远。昆石玲珑剔透，奇洞遍布，洞中有洞，蜿蜒曲折，尽显冰山中的峰峦山谷，使人叹为观止。不仅如此，其中还含着一种宁静致远的气氛，久观之，使心不浮躁，而又有清心寡欲的感觉。

（2）昆石的题名

实践证明，只有用唐诗宋词中的精华词句，才能凸显昆石的意境和内涵，才能提升昆石的文化品位。

昆石的题名，是一种文化艺术在赏石方面的体现，没有一定的文学功底是很难胜任的。因为昆石没有具象画面和象形外貌，所以人们很难确认它的形象。古代昆石制作匠人，将昆石清理完毕后，配上底座，随后，就要请本地著名文人来品赏命名，这自然是一件很隆重的事。因为只有用诗中精华给昆石题名，才能起到画龙点睛的作用，才能将昆石的意境表现得淋漓尽致，从而最终提升它的文化品位。

昆山市亭林园内，有两方古昆石，在《旧明志》中就有记载，至今已有600多年的历史，可以说是昆石中的"长者"。两方古昆石均高约2米、宽1米，由于年代久远，晶质不现，均呈黄锈色。虽历经沧桑，但仍可见其玲珑剔透、窍孔遍布之体；其漏透兼备、筋脉起伏之态，依然气势贯通。其中一石名为"春云出岫"，另一石为"秋水横波"。这两方古昆石的题名，是明代旧志中留传下来的，如"春云出岫"，石体上确如几朵漫步的流云飘浮着，其中显露出一座山峰。看题名如观石，观石如看

题名：东海仙珍
石种：海蜇峰
规格：32×31cm

题名：秀色河山
石种：海蜇峰
规格：20×12×6cm

景，该题名恰如其分地将这方昆石的意境充分展示，使人感受到云影峰峦中的虚旷逸放和浩渺空灵。在唐诗宋词中关于"云"的名称很多，如秋云、飞云、归云、行云、生云、朝云、闲云、娇云、雪云等，而此石用"春云"最为合适，因为"春云"有春天的气息，是万物生长的季节，表现出该石栩栩如生的形态。而另一方"秋水横波"的题名也如此。在唐诗宋词中秋波、秋水、秋色等用得较多，由于该石的纹理确实如同水的波纹一样横向展开，似青年女子眼神流转如水波荡漾般美丽，"秋水横波"就恰好将该石的意境形象化地显露了出来。

现阶段的昆石题名，人们还是习惯请著名文人为之。虽古今有别，但今天题名要求的内涵丰富、意境深远、立意贴切和值得玩味，倒是与古代分毫不差的。如"冰清秀骨"、"孤根立雪"、"寒宫舒袖"、"桃源仙骨"、"瑶池琼台"、"玉屏缕"、"寒梅傲雪"、"仙骨寒香"、"奇峰攀云"、"祥云团峦"、"玉缕神骨"、"洞天仙府"、"琼树玉叶"、"琼楼玉宇"、"透风漏月"、"祥云追月"、"晴天一鹤"、"冰姿玉骨"、"香雪梅岭"等，其妙其绝，如同出自古人之手。这些命题吸取唐诗宋词之精华，成为我们今天赏析昆石的钥匙。悟石道而养性，通石理而修身。中国古典诗词深厚的文化底蕴给昆石注入了浓郁的传统文化气息，使其欣赏价值与尊贵地位超越了众石，理所当然地成为中国古代四大名石之一。

（二）昆石的文人情结

昆石的赏玩历史，有人认为始于南朝，兴于唐宋，盛于元明清。笔者经过考证认为，大概到唐代后期，文人们才开始赏玩昆石。

昆石入世虽晚，但以其自然天成的玲珑剔透、独具魅力的晶莹洁白而奇绝天下，很快便成为中国美石之一。从宋代开始，历代文人雅士视昆石为珍奇，用重金求取，以收藏昆石为雅，并题诗作赋，赞誉不绝。

昆石为什么一出现，就引起文人雅士、社会名流的关注和珍惜呢？笔者认为有以下几个因素。

1. 昆石之形最能体现古人恋山情结

古代先民有种文化心理，即对高峻山岳的崇拜与信仰。因为山岳雄伟磅礴、奇美壮观，在人们的眼中，山林草木皆有灵性，而峰峦岩石、飞瀑流泉、岫云烟岚，则洋溢着勃勃生机。人在山林中徜徉，可怡情、养性、畅神，从而冲淡尘世的鄙俗和污秽，这就是文人雅士的山林情愫和隐逸心态。宋代孔传在为《云林石谱》作序时曾注曰："仁者乐山，好石乃乐山之意。"而每一块昆石自然天成的山峰之形，给了他们心

题名：梅艳西崖
石种：鸡骨峰
尺寸：42×75×22cm

题名：栖霞探春
石种：鸡骨峰
规格：55×28×14cm

题名：翠峰染霞
石种：海蜇峰
规格：34×22×10cm

理上的抚慰，故而在昆石品种的名称后面均冠以"峰"字，如鸡骨峰、雪花峰、海蜇峰、胡桃峰等。邑人归庄在咏昆石诗中曰："侧成堕山立成峰，大盈数尺小如拳。"诗中述说昆石之形侧放是山，立放如峰，出于自然，浑然天成，包含自然之神韵，兼有山岳之意味。这就给恋山情结的文人雅士提供了微缩山景。

2. 昆石之质成为文人美好的寄托

宋代大诗人陆游的师父曾幾诗曰："昆山定飞来，美玉山所有。……奈何不厚颜，尤物更乞取。"元代诗人郑元佑说："昆岗曾韫玉，此石尚含辉。"这都说明了古人把昆石当作美玉一样喜爱，在无形中给昆石增添了光彩。现在，昆山亭林园前的牌坊正中央题有"玉出昆岗"一词，语出南北朝的《千字文》。所谓"金生丽水，玉出昆岗"，原指昆仑山出美玉（和田玉），后指昆山出美石（玉）。过去的马鞍山现名玉峰山，市域所在地也叫玉山镇，由此可以想象人们爱昆石之心。

3. 昆石之色最能体现文人情调

昆石色白似玉，典雅高贵，犹如幽雅的兰花，真乃圣洁之石、高贵之石、明志之石。它也是士人不媚权势、愤世嫉俗以及不入俗流、出淤泥而不染的高贵人格写照，反映出中国传统赏石文化的独特品格。

4. 昆石之空灵最能升华文人的想象和意境

昆石的玲珑剔透神采流动，气韵高雅，最能体现其神韵。正如苏东坡所说："五岭莫愁千嶂外，九华今在一壶中。"昆石的峰峦嵌空、洞中有洞，错综复杂，无一雷同，崇山峻岭悬崖峭壁十分奇巧。以一拳之石，而窥千岩之秀，这给予文人雅士以太多的联想。由于宋代著名诗人陆游、曾幾、范成大等对昆石的赞美，诗人题咏不绝，从而为昆石的传世起了推波助澜的作用，也为昆石定格为中国古代四大名石之一奠定了扎实的基础。宋代《云林石谱》、明代《新增格古要论》、明代《长物志》中都详细介绍了昆石。

元明清时期，玩赏奇石已不再是士大夫们的专利，逐渐进入民间，昆石也成为一种商品进入市场，流向各地。也许有人会问，既然昆石堪称石中珍品，为何皇宫大院内见不到一块昆石呢？此事民间早有传闻：昆山白石奇特，不能携至北方，有"过黄河则裂"之说，因而幸免"花石纲"之灾。归庄在诗中也说道："今日东南骨髓竭，犹幸此石不入贡。"笔者认为，由于昆石质硬特脆，尤其是精品昆石一碰就碎。而当时路途遥远，道路崎岖，车马颠簸，使者在路上即便再小心看护，也难免没有断裂之险。据说，经过多次运输，多次挫败，遂断了进贡皇家的念头。

题名：山含玉齿
石种：鸡骨峰
规格：30×36×10cm

题名：雪梅莹玉
石种：水晶杨梅峰
规格：31×21×10cm

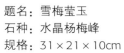

经历多次战乱和十年"文革"，昆石文化沉默了下来，变得无声无息。直到改革开放后，昆山画家刘建华（时任昆山亭林园副主任）怀着对昆石的崇敬和喜爱，率领几名职工，在玉峰山上捡了些昆石毛坯，并在东斋小屋内，根据昆石老玩家提供的方法进行了试验性的清洗，以获得感性知识。在此基础上，他写了题为《尺璧奇石出昆岗》的文章，刊登在《文笔》1979年6月第二期上，既宣传了玉峰山出昆石，又对昆石品种之美进行了描述，还重点介绍了昆石的清理。这是介绍昆石的第一篇文章，开了个好头。在此期间，陈兆弘写了《历代诗人咏昆石》和介绍"春云出岫"和"秋水横波"两块古老昆石的文章。马一平、邱维俊等亦纷纷写短文介绍昆石，他们为普及昆石文化作了必要的舆论准备。在众多文人的推动下，1987年以昆山县副县长徐崇嘉（书法家）为首，与昆山文化局副局长陈益（作家）和昆山文管会办公室副主任程振旅（书法家、昆曲研究会秘书长）等经过艰苦工作，在昆山亭林园翠微阁举办了首届昆石展，展出昆石55块，为昆石的"拨乱反正"作出了努力。与此同时，藏石界反响强烈，玩石、藏石人数迅速增长。此后，陈益于1987年6月27日在《人民日报》（海外版）发表《昆丘尺璧惊人眼》的文章，同时还刊登了顾鹤冲拍摄的昆石《冰清秀骨》的照片，在海内外引起强烈的反响。

1998年10月5日，江泽民在昆山亭林园昆曲馆观赏了昆石，这是对昆石传世的高度重视。国家领导人观赏昆石的喜讯传遍我国石坛，广大石友无不欣喜。苏州著名藏石家、诗人魏嘉赞诗兴大发，赋诗抒怀，并诚请85岁的著名书法家沙曼翁先生书题其诗："日照昆岗烟雾生，玲珑剔透玉冰清。文王曾识荆山玉，赤子神州乐太平。"高级编辑、山东著名赏石理论家陈东升闻此喜讯，也赋诗咏之："峰峦幽洞蕴奇美，冰清玉洁天筑成。今朝伟人观倩姿，瑞气盈目愈玲珑。"他还书写文章，寄语昆山，愿昆石今朝更风光。

在改革开放的大好形势下，在文人们始终不懈的努力推动下，富裕起来的昆山人，开始有意识地用重金购买昆石来装饰自己的家居，不少家庭以能收藏一两块昆石为荣。近年来，昆山旅游景点锦溪镇、千灯镇相继办起了昆石馆，以供游人观光欣赏，市内已有许多爱石人建立起了家庭藏石馆，为昆山率先进入小康社会增添了一道优美的昆石文化风景。

由于现代文人继承了古代文人对昆石的情结，他们对昆石的无限热爱之情变为宣传和推动昆石的动力，使昆石顺利传世，重新焕发出它的青春，并激励当代人更好地爱护昆石、保护昆石，使昆石文化继续光大，更加灿烂辉煌。

题名：玉雪层云
石种：雪花峰
规格：30×26×7cm

昆石山水盆景的尝试与制作

张洪军

　　盆景多以树桩盆景、山水盆景常见。树桩盆景的植物勃勃生机，四季轮回变化，形态千奇百怪，美不胜收，令人陶醉和遐想；山水盆景的山石峻秀挺拔、壁立当空，以石寓山，小中见大，让人犹如入山林之中、江海之上，领略到大自然的美景和情趣。由于昆石资源的稀少，昆石盆景极少见。其实昆石盆景，早在宋代已有文字记载，可从《云林石谱》和文人的诗词中得到印证，当时昆石除了作为供石外，已被人们用于制作盆景，诗人陆游的"雁山菖蒲昆山石，陈叟持来慰幽寂"，对昆石盆景作了描述。

　　笔者生活在昆石的产地昆山，接触昆石较多。开始时，好的昆石作为供石收藏，差一些的就废弃了，但由于昆石资源的日益稀缺，为了把有限的昆石尽量利用好，就把差一些的昆石收集起来，搭假山作盆景，养附昆石菖蒲，既可以变废为宝，物尽其用，也能丰富业余生活。

　　笔者把差一些的毛坯昆石或洗不好的昆石，大大小小收集起来，还捡来别人没用的毛坯，总之昆石素材多多益善，这样选择性大。在挑选石头时，首先要挑选好主峰的石料，然后再挑选与主峰形态、色泽、纹理、质地相协调的较小石料为次峰、坡脚

题名：咫尺山野
品种：附昆石菖蒲
规格：18×12×11cm

题名：玉燕穿云
石种：鸡骨峰
规格：13×11×10cm

石。在选石时，注意挑选各具特色的昆石，形状越奇特越好，以便生动地表现自然界山峰的各种形态，但要注意所用昆石的色泽、纹理必须统一相近，以使制作的山水盆景具有一种整体上的自然和谐之美，人工拼凑组合的痕迹越少越好。

先立意，再布局，根据自己的想法，确立想表现的场景，再根据盆景盆的大小确定布局，主峰是山水盆景重心，应该处于最突出、最明显的部位，首先在石料中挑选出作主峰的昆石，主峰在体积、纹理、形状、色泽等方面为山峰之中最好的。再依次选好几个次峰、坡脚和远山等小的石头，然后确定加工方案。昆石成分是二氧化硅，硬度为 7 度，所以加工难度较大，底部切平要用到切割机、砂轮机等，因昆石表面天生就是崎岖不平的，接近自然的山峰，外表基本不用加工；锯平后的石块在盆中排列组合，要按山水盆景的布局要求，做成大小适中的山峰和坡脚雏形。先加工主峰、后次峰、再坡脚。

昆石的粘接笔者试过很多种黏合剂，结果表明无论牢固度、凝固后的颜色及使用方便程度上，AB 胶的效果最好，粘接前先把石料上的碎屑冲洗干净，待晾干后，从主到次、从大到小逐个进行粘接，粘接时注意胶尽量不外露。

昆石盆景中也可以放置一些配件，金属或陶瓷质的装饰物，如亭塔、小桥、帆船、人物，颜色以素雅一些为好。配件是在山水盆景中起点题或衬托作用的，我们应掌握配件和总体比例的关系，注意近大远小、低大高小的透视效果。山水主景与装点

题名：雪江秀色
石种：昆石盆景
规格：50×36×6cm

题名：寿桃
石种：海蜇峰
规格：50×36×29cm

配件尽量协调和谐，自然逼真，起到画龙点睛的作用，使山水盆景更有活力和意境。

昆石自古称为玲珑石，瘦透漏皱，其原石四周包着红泥，断面露出洁白的风骨，是非常适合制作山水盆景的石材。用昆石原石制作的山水盆景，颜色对比鲜明，奇峰秀拔，异石玲珑，山形嶙峋多姿，山体纹理细腻，自然真实，流露出沧桑、古朴之自然美感。

也可用洗白的昆石制作山水盆景，另有一番风味。选好要采用的昆石原石，先切平底部，再进行清洗，经过暴晒、出泥、冲洗、去铁锈渍等工序，反复数次，基本洗白就行了，再浸泡在清水里数天，之后晾干就可以使用了。根据立意、布局设计用AB胶粘接，顺序同前所述。"玉峰独秀"就是用洗过的昆石制作的山水盆景，洁白的石体，玲珑峻秀，场面是漫天大雪，山峰白雪皑皑，江水依山，帆影点点，一幅寒山积雪、玉峰独秀的美景。

形体大的昆石可制作更大的山水盆景，但大的盆比较难买到，笔者是到建材城大理石店里定制的，制作了一个大的昆石山水盆景放在院子里，美化环境。

盆景，是一种缩小的园林艺术，是自然与艺术的奇妙结合，它利用不同的山石和植物等素材，经过艺术加工，把自然界秀山丽水、名山大川的自然景观艺术地再现于咫尺盆钵之中，是将大自然的山水美景浓缩的缩景艺术，它"源于自然，高于自然"，能使人遐想联翩，感觉身临其境，犹如神游于祖国的名山大川，心旷神怡，欣赏大自然的美景，心情归于宁静，给人以"一峰则太华千寻，一勺则江湖万里"的艺术感受。建议广大石友根据所在地的石头特点，不妨也尝试制作一个山水盆景，自娱自乐，丰富业余生活，美化家居装饰，回归自然之美。

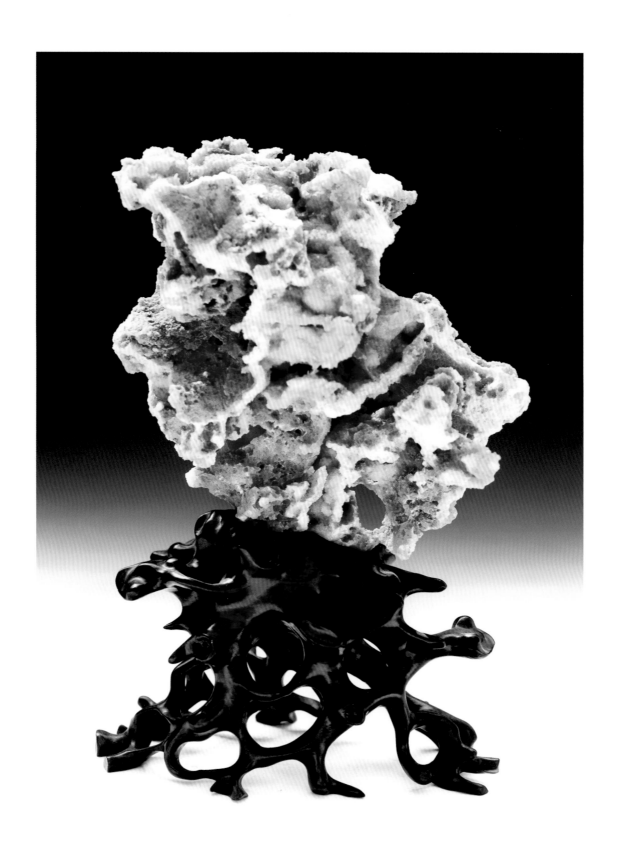

题名：玉桃带色
石种：胡桃峰
规格：21×16×8cm

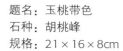

古人情系昆山石

吴新民

昆山石，又名昆石、亦名玲珑石，产邑之马鞍山（今名玉峰山），与太湖石、雨花石并列为"江苏三大名石"，与灵璧石、太湖石、英石并誉为"中国四大名石"。昆石以其晶莹剔透、洁白如玉、峰峦嵌空、千姿百态而深受古今藏石家和文化人的青睐。

一、历代文献载昆石

自宋以降，历代昆山县志对昆石均有记载，兹选录如下：

宋淳祐《玉峰志》载：

邑有山实名马鞍，近年以来得石，镵之则荧洁之态俨然与玉同。

巧石，出马鞍山后。石工探穴得巧者，斫取玲珑，植菖蒲芭蕉，置水中，好事者甚贵之，他处名曰昆山石，亦争来售。

明万历《昆山县志》载：

山中多奇石，秀质如玉雪，好事者得之，以为珍玩，号昆山石。

清康熙《昆山县志稿》载：

山产奇石，凿之复生，镵而濯之，荧白如玉。

自宋以降，各种《石谱》及其他文献对昆石亦有记载：

宋杜绾《云林石谱》载：

平江府昆山县石产土中，多为赤土积渍。既出土，倍费挑剔洗涤。其质磊魂，巉岩透空，无峯拔峰峦势。扣之无声。土人唯爱其色洁白，或栽植小木，或种溪荪于奇巧处，或置立器中，互相贵重以求售。

明林有麟《素园石谱》载：

昆山石，苏州府昆山县马鞍山于深山中掘之乃得，玲珑可爱，凿成山坡，种石菖蒲花树及小松柏。询其乡人，山在县后一二里许，山上石是火石，山洞中石玲珑，栽菖蒲等物最茂盛，盖火暖故也。

明文震亨《长物志》载：

昆山石出昆山马鞍山，生于山中，掘之乃得。以色白者为贵，有鸡骨片胡桃块二种，然亦俗。尚非雅物也。间有高七八尺者，置之古大石盆中亦可。此山皆火石，火

题名：玉山多福
石种：小杨梅峰
规格：38×29×10cm

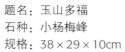

题名：玉蜇秀峰
石种：海蜇峰
规格：55×26×20cm

147

气暖，故栽菖蒲等物于上最茂，惟不可置几案及盆盎中。

明曹昭《格古要论》载：

昆山石出苏州府昆山县马鞍山。此石于深山中掘之乃得，玲珑可爱。凿成山坡。种石菖蒲花树及小松柏树。佐近询其乡人。山在县后一二里许。山上石是火石，山洞中石玲珑，好栽菖蒲等物，最佳，茂盛，盖火暖故也。

明张应文《论异石》载：

昆山石块愈大则世愈珍，有鸡骨片、胡桃块两种，唯鸡骨片者最佳。嘉靖间见一块，高丈许，方七八尺，下半状胡桃块，上半乃鸡骨片，色白如玉，玲珑可爱。云间（按：今松江）一大姓出八十千置之，平生甲观也。

明石公驹《玲珑石》载：

昆山产怪石，无论贫富贵贱悉取置水中，以植芭蕉，然未有识其妙者。余获片石于妇氏，长广才尺许，而峰峦秀整，岩岫嵯峻。沃以寒水，疑若浮云之绝涧，而断岭之横江也。

清谷应泰《博物要览·志石》载：

昆山石产苏州府昆山县。产土中，为赤泥渍溺倍费洗涤。其石质色莹白，块岩透空宛转，无大块峰峦者。土人或爱其石色洁白。或种溪荪于奇巧处，或置之器中，互相贵重以求售。

清陈元龙《格致镜原·石部》载：

昆山石出昆山县马鞍山。此石于深山中掘之乃得，玲珑可爱。凿成山坡，种石菖蒲花树小松柏树。山在县后一二里许。山上石是火石，山洞中玲珑石好栽菖蒲等物，最佳，茂盛，盖火暖故也。昆山石类刻玉，不过二三尺而止。案头物也。

二、历代诗人咏昆石

历代诗人咏昆石佳作颇多，现选录如下：

宋诗人陆游之师曾几《寄昆山李宰觅石》（又名《乞昆山石》）诗：昆山定飞来，美玉山所有。山祇用功深，刻划岁时久。峥嵘出峰峦，空洞开户牖。几书通置邮，一片未入手。即今制锦人，在昔伐木友。尝蒙委绣段，尚阙报琼玖。奈何不厚颜，尤物更乞取。但怀相知心，岂惮一开口。指挥为幽寻，包裹付下走。散帙列岫窗，摩挲慰衰朽。

陆游《题昆山石》诗：

雁山菖蒲昆山石，陈叟持来慰幽寂。寸根蠖密九节瘦，一拳突兀千金值。清泉去

题名：玉峰寒霜
石种：海蜇峰
规格：35×32×16cm

题名：春花通福
石种：小杨梅峰
规格：37×31×17cm

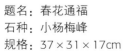

缶相发挥，高僧野人动颜色。盆山苍然日在眼，此物一来俱扫迹。

宋杨备《昆丘》诗：

云里山花翠欲浮，当时片玉转难求。卞和死后无人识，石腹包藏不采收。

元郑天祐《得昆山石》诗：

昆冈曾韫玉，此石尚含辉。龙伯珠玑服，仙灵薜荔衣。一泓天影动，九节润苗肥。

元张雨《得昆石》诗：

昆丘尺璧惊人眼，眼底都无嵩华苍。隐若连环蜕仙骨，重于沉水辟寒香。孤根立雪依琴荐，小朵生云润笔床。与作先生怪石供，袖中东海若为藏。

清邑人归庄《昆山石歌》：

昔之昆山出良璧，今之昆山产奇石。出璧之山流沙中，产奇石者在江东。江东之山良秀绝，历代人才多英杰。灵气旁流到物产，石状离奇色明洁。神工鬼斧斫千年，鸡骨桃花皆天然。侧成堕山立成峰，大盈数尺小如拳。奇石由来为世重，米颠下拜东坡供。今日东南膏髓竭，犹幸此石不入贡。贵玉贱石非通论，三献三刖千古恨。石有高名无所求，终老山中亦无怨。世道方看玉碎时，此石休教更衒奇。嗟尔昆山之石今已同顽石，不劳朱勔来踪迹。

三、历代官府保护昆石公示选录

自宋代以来，历代官府恐伤山脉，曾屡颁禁令，禁止民间私自开采昆山石。

据《玉峰志》记载，宋绍熙年间，宋太府寺承陈振常立亭置碑山北，禁止采凿山石："然恐伤山脉，凿石有禁止，安陈先生立碑在县厅"；

明嘉靖初，昆山县令杨逢春筑"禁采玲珑石亭"，刻文立碑于内，重申禁令；

清康熙《昆山县志稿》如是说："元之前石未之显也。明季开垦殆尽，邑中科第绝少。今三十年来，上台禁民采石，人文复盛。闻近复有盗凿者，后之君子所当严为立防也"；

清乾隆五年（1740），昆山县令许松佶、新阳县令白日严受邑人唐德宜等请，申宪永禁采挖山石；

乾隆八年八月，昆山知县吴韬、新阳知县姚士林奉各宪批勒永禁侵损马鞍山，立碑石永远遵行；

民国二十四年（1935）十月，邑人朱敬之、潘凤鸣、徐梦鹰、黄震寰、卫序初、徐绍烈等上书国民政府实业部，要求"从严永禁开凿马鞍山山石"。经实业部批准，

题名：雪峰仙府
石种：雪花峰
规格：20×38×16cm

题名：雨露润蜇
石种：海蜇峰
规格：49×23×20cm

153

由县长签序布告永禁开凿，并饬警察局查禁。

　　新中国成立后，偷挖昆石现象虽有所减少，但亦屡有发生。2007 年 7 月 27 日，昆山市人民政府制定了《关于禁止盗挖昆石的决定》，其中第五条严肃指出：发现盗挖昆石者，由市公安局依照《中华人民共和国治安管理处罚法》等法律法规按情节轻重，分别给予批评教育或行政处罚，盗挖的昆石全部没收，情节特别严重者，应追究其相关责任。此《决定》于同年 8 月 1 日起执行。

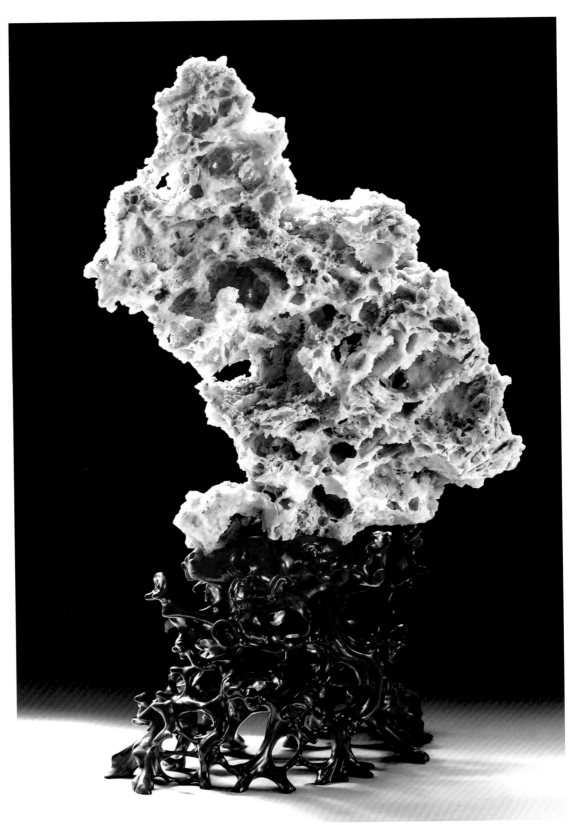

题名：霜天待月
石种：雪花鸡骨峰
规格：39×62×24cm

155

天开图画　人间稀有

—— 昆石的审美传统与非遗保护

陈　益

宋代无名氏的词作《齐天乐》，首句就是"天开图画江山秀，怪得人间希（稀）有"。洪迈的《容斋随笔》中，也有"天开图画即江山"的说法。所谓天开图画，用通俗一点的话来说，就是天的自我创造，而并不是人的雕饰。天工，是人工难以企及的。这用以昆石的艺术欣赏，也是十分恰当的。

享有千年盛誉的昆石，源于大自然亿万年的造化，材质似玉，色泽如雪，天然多窍，形态各异，从来就是充溢文化意蕴、寄托艺术志趣的观赏名石。古人称之为"眼见尺璧，如临嵩华"。它那鬼斧神工的美超越人们的想象，民间称之为"巧石"。一个巧字，恰恰也体现了"天开图画，人间稀有"的特征。

然而，我们应该看到，近年来由于经济利益的驱动，市场需求与资源紧缺形成了很大矛盾，有人找到一些质量较差的毛石，为取悦于人，千方百计地加工粉饰。不少在街边摊点待价而沽的昆石，黝黯、粗陋、缺乏艺术趣味，却也配了红木底座和宝笼，这还在其次。有几件编入画册，在展览得奖的昆石，也难免显露斧凿痕迹。精品的罕见，审美标准的缺失，藏家知识结构的不完备，导致昆石总体文化含量的衰减，已是一个不争的现实。或许正是如此，"昆石清理技艺"作为一种非物质文化遗产来传承，便被认为是理所应当了。

丑小鸭变成白天鹅，只存在于童话中。真正的昆石精品是由内在机理决定而不被加工的。石坯原本就粗具形态，且是一个独体，不与岩洞相连，从红泥包裹中取出后，只消清洗、剔杂、去渍，就可以上架了，根本不需要伤筋动骨。所谓"清水出芙蓉，天然去雕饰"就是这个道理。笔者结识的几位昆石鉴赏家分析说，主张"昆石加工技艺"一说的人，没有见识过昆石的精品、上品、神品，并不知晓什么才是"天开图画，人间稀有"。有几位藏家，经过几十年甚至几代人的努力，所收藏的昆石精品，令人叹为观止。然而，他们往往深藏不露，见到的人很少。而市面上出现的一些昆石，生来就有各种各样的缺陷，不雕琢无法成形，当然要想尽一切办法加工。然而，这岂能作为昆石的代表？

前些时候，石界有关于"类昆石"的争论，其关键是产自浙江、福建、安徽等地

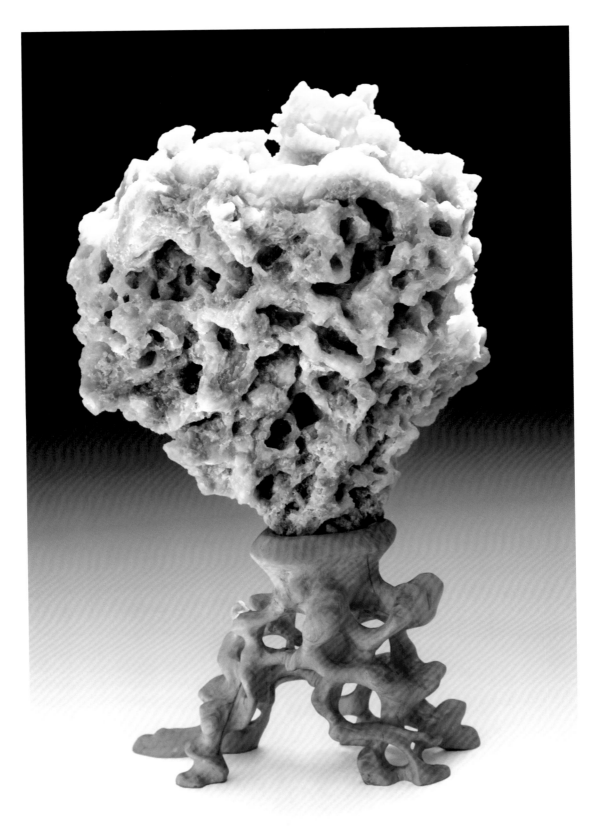

题名：仙风道骨
石种：海蜇峰
规格：22×18×10cm

157

题名：蟠根生辉
石种：海蜇峰
规格：32×20cm

的与昆石相似的奇石，该不该予以承认？嫡子与庶子，叫人爱恨难舍。笔者从艺术角度看，觉得没理由不承认。朋友让笔者欣赏了几件，尽管石质略脆，但形态与色泽十分完美，根本不是哪个高手能加工得出来的。由此，不能不使人联想到昆石早年的状态，思索昆石的审美标准。

海拔仅有八十余米的玉峰山体量太小，昆石资源实在很有限，何况又经过上千年的开采、流转、散失，今天我们所能见识的，无法跟前人相比。能够称得上精品的，更是凤毛麟角。唯其少，才愈加显得珍贵，才愈加要有很高的审美标准。只有青菜萝卜，才塞街烂摊。一件观赏石，犹如一件艺术品，确实很难制定量化的审美标准。仁者见仁，智者见智。按照中国人自古以来的艺术传统，浑若天成，巧夺天工，总是最值得推崇的。自然而然的东西，往往能获得大多数人喜欢。

历史学家考证，梁武帝大通元年创立同泰寺，"前有丑石四，各高丈余，俗呼为三品石"（《景定建康志》）。丑石、怪石、奇石、巧石，无非是"天开图画"，从公元6世纪起，就有置放庭园石的做法，让人们朝夕相见，直到今天仍没有改变。这充分体现了人与自然的和谐。在古人的心目中，人是自然的一部分。任何艺术作品，都必须师法自然。"搜尽奇峰打草稿"，"相看两不厌，只有敬亭山"，模拟山水成为中国园林美学的最高法则。

明代文学家、戏曲家屠隆不但写戏、编戏、演戏，也喜欢盆景奇石。他的《考槃余事》卷三说："木者有老树根枝，蟠曲万状，长止五六七寸，宛若行龙，麟角爪牙悉备，摩弄如玉，诚天生笔格。有棋楠沉速，不俟人力者，尤为难得。石者有峰岚起伏者，有蟠屈如龙者，以不假斧凿为妙。"他讲得很清楚，无论是"木者"（老树），还是"石者"（奇石），都应该追求天然，不俟人力，不假斧凿。

在谈到盆景与奇石时，屠隆又说："……更需古雅之盆，奇峭之石为佐，方惬心赏。至若蒲草一具，夜则可收灯烟，朝取垂露润眼，诚仙灵瑞品，斋中所不可废者。须用奇古昆石，白定方窑，水底下置五色小石子数十，红白交错，青碧相间，时汲清泉养之，日则见天，夜则见露，不特充玩，亦可避邪。"屠隆是明万历年间的进士，那个年代昆曲依然兴盛，昆石的赏玩也很为文人们推崇。与昆曲的精雕细琢不同，赏石讲究的是奇峭而自然。这是很符合他们的欣赏心理的。

作于宋代、被誉为中国第一部论石专著的《云林石谱》（杜绾撰），专门谈到了昆石："平江府昆山县石产土中，多为赤土积渍。既出土，倍费挑剔洗涤。其质磊魂，巉岩透空，无耸拔峰峦势，扣之无声。土人唯爱其色之洁白，或种植小木，或种溪荪

题名：蜇海凌波
石种：海蜇峰
规格：38×35×16cm

题名：硕果
石种：杨梅峰
规格：32×23×8cm

于奇巧处，或置立器中，互相贵重以求售。至正初，杭州皋亭山后太山出石，与昆山石无分毫之异。"不难看出，昆石最初就仅仅是"倍费挑剔洗涤"，并没有大动干戈。

确实，大自然花亿万年创造的一件作品，你凭什么去画蛇添足呢？纵然你借助于现代工具切割，用化学药物增白，以喷硅油上光，千方百计掩盖瑕疵，注入了无限妙思，堪称巧夺天工，所加工出来的，也已经不是原汁原味的昆石了。

昆石有许多个种类，因为它们酷肖于某些物品，分别被命名为鸡骨峰、杨梅峰、胡桃峰、荔枝峰、海蜇峰等。这些形态特征，既是大自然的赋予，也是人们内心情感的依附。经验老到的昆石鉴赏家，一眼就能看出哪块昆石是天生尤物，哪块昆石则是动过手脚的。天然之石，妙不可言，一拳突兀千金值，雕琢过的则相形见绌。从这个意义上看，昆石作为"非遗"的灵魂是天开图画，巧夺天工。这才是真正值得保护的。

题名：独占花魁
石种：鸡骨峰
规格：46×33×25cm

昆石论著一览

《话说昆石》

作　　者：严健明

出版社：香港天马图书出版有限公司

《中国赏石丛书——中国昆石》

作　　者：吴新民

出版社：上海科学技术出版社

《昆山民族民间文化精粹·技艺卷——玉峰秀石·昆石加工技艺》

主　　编：赵红骑

出版社：上海人民出版社

《昆山石韵》

主　　编：昆山市观赏石协会

内部印刷发行

题名：云峰诗韵
石种：海蜇峰
规格：26×20×15cm

帝石壽太古

日照崑岡煙霧生玲瓏剔透玉水清文
王曾識荊山璧壽字神州樂太平陳志高
灵所藏崑石江澤民主席曾觀賞魏嘉瓚作詩

歲在庚辰春月曼之仍書於吳門時年八十五

壹石在堂
閤宅平安

文人自古以玉以
石爲教民間亦
有石敢當鐫之
今書此祝
志高道友佑護
己卯冬初振旅

169

蒼骨泠浸酣枕夢

苔痕清遍醉鄉春

為忠高先生醉石拔補壁東吳陸宗衡

雁山菖蒲崑山石陳叟
持來慰幽宵寸根盤密
九節瘦一拳兀突千金
值

錄南宋陸游詩　祝賀

醉石廬　開張誌禧　乙亥冬至　覺民書　時年七十六叟

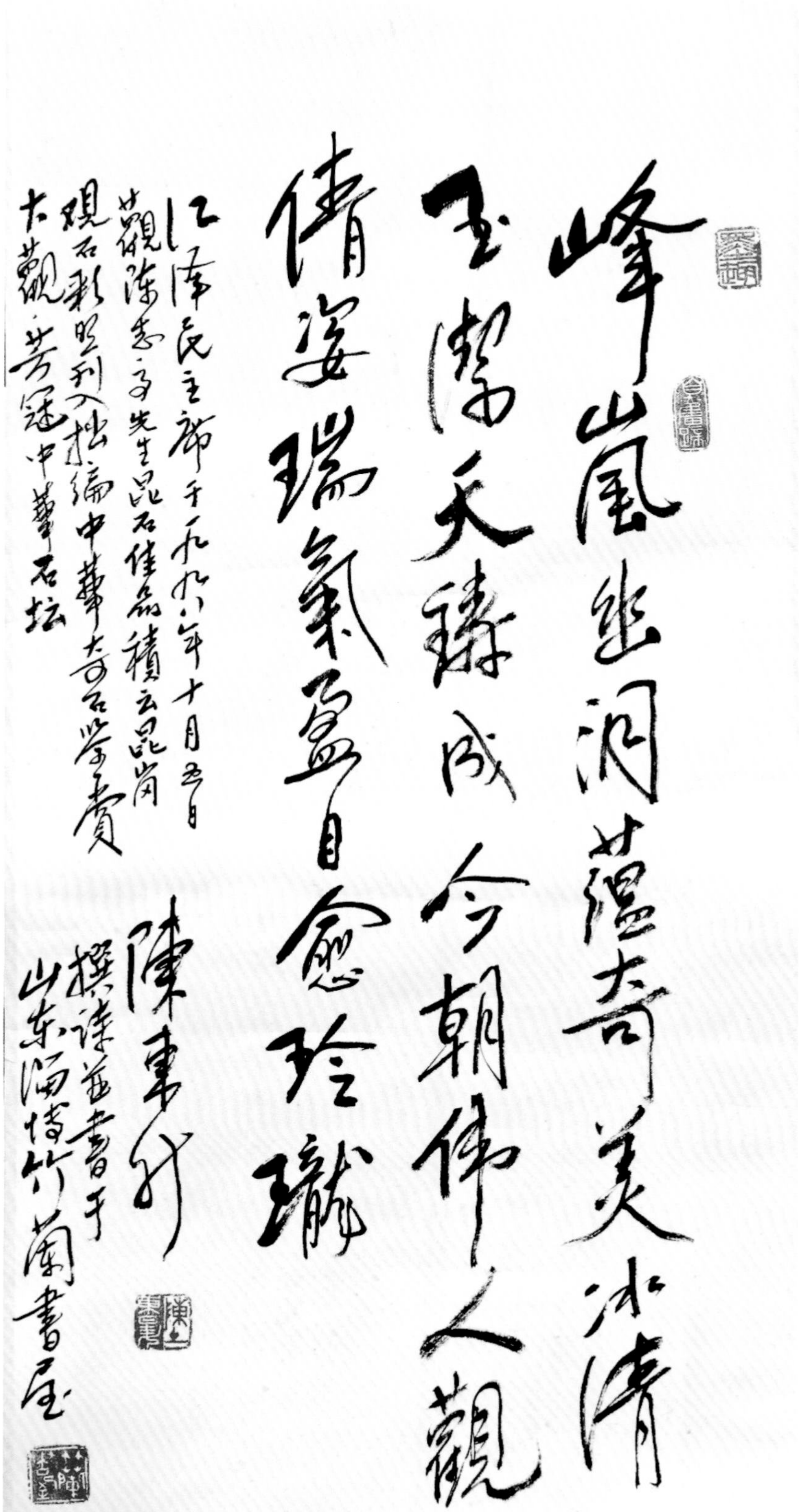

峰嵐幽洞蘊奇姿冰清

玉潔天鑄成 今朝供人觀

倩姿瑞氣盈自愈珍瓏

乙酉民主節于九九一年十月二日

甘觀陳君子先生品石佳品積玉昆崗

觀石彩照列入�中華大奇石學賈

大觀芳冠中華石坛

撰謹並書于

山東海偕竹蘭書屋

陳事行

玉玲瓏

乙亥小春月

雅達寫此石

異石大成

志高先生清正

乙亥冬十二月錢君匋九十歲

雁山菖蒲昆山石　陸叟持来慰
幽寂　寸根蟠密九節瘦　一拳突兀
千金值

陸游诗　崔谈书

積空晶瑩

晴空萬里任飛徊雄立崑岡望九城閱盡春喧多少事回眸一笑到蓬萊

癸未清和月為陳志高先生昆石晴空一鶴

魏嘉瓚詩

崔濰書卅年廿二

图书在版编目(CIP)数据

中国昆石谱/石泉中主编. —上海:上海人民出
版社,2017
ISBN 978 - 7 - 208 - 14524 - 5

Ⅰ. ①中… Ⅱ. ①石… Ⅲ. ①石-中国-图集 Ⅳ.
①TS933 - 64

中国版本图书馆 CIP 数据核字(2017)第 118816 号

责任编辑 黄玉婷
封面设计 范昊如 夏 雪

中国昆石谱

石泉中 主编

世 纪 出 版 集 团

上海人 & 出 版 社 出版

(200001 上海福建中路 193 号 www.ewen.co)

世纪出版集团发行中心发行 上海中华商务联合印刷有限公司印刷
开本 889×1194 1/16 印张 12.75 插页 4
2017 年 10 月第 1 版 2017 年 10 月第 1 次印刷
ISBN 978 - 7 - 208 - 14524 - 5/J · 485

定价 180.00 元